职业教育校企合作新形态富资源教材

# Java 编程技术基础

**主　编**　邓晓宁　魏雪峰　陈晓平
**副主编**　高　岭　付　雯　向时雨
**参　编**　倪　黎　金洪兰　谢　瑜

北京理工大学出版社
BEIJING INSTITUTE OF TECHNOLOGY PRESS

## 内 容 简 介

本书主要采用任务引领的实践操作模式，使学习者通过对任务的操作实训，掌握知识，实现技能融会贯通，将知识的掌握和技术的应用有效地融为一体。本书精心设计了与教学目标结合紧密，适于学生学和教师教的案例，包括搭建 Java 开发环境、计算扇形的面积与周长、计算月份天数程序设计、猜数字游戏程序设计、描述一个"类"、管理员工信息、显示不同类别的员工信息、模拟 USB 接口、快速计算学生成绩、天气预报、实现除法计算、计算最大公约数、设计油耗计算器、设计数学计算器界面、实现计算器操作、设计字体与菜单，在完成任务的实践中培养技术应用能力。

本书可作为中等职业院校计算机专业及其他相近专业学生的教材，也作为编程爱好者的入门参考书。

**版权专有　侵权必究**

### 图书在版编目(CIP)数据

Java 编程技术基础 / 邓晓宁，魏雪峰，陈晓平主编. -- 北京：北京理工大学出版社，2021.11（2022.6 重印）
ISBN 978-7-5763-0729-0

Ⅰ. ①J… Ⅱ. ①邓… ②魏… ③陈… Ⅲ. ①JAVA 语言-程序设计 Ⅳ. ①TP312.8

中国版本图书馆 CIP 数据核字(2021)第 247942 号

| | |
|---|---|
| 出版发行 / | 北京理工大学出版社有限责任公司 |
| 社　　址 / | 北京市海淀区中关村南大街 5 号 |
| 邮　　编 / | 100081 |
| 电　　话 / | (010)68914775(总编室) |
| | (010)82562903(教材售后服务热线) |
| | (010)68944723(其他图书服务热线) |
| 网　　址 / | http://www.bitpress.com.cn |
| 经　　销 / | 全国各地新华书店 |
| 印　　刷 / | 定州市新华印刷有限公司 |
| 开　　本 / | 889 毫米×1194 毫米　1/16 |
| 印　　张 / | 12 |
| 字　　数 / | 230 千字 |
| 版　　次 / | 2021 年 11 月第 1 版　2022 年 6 月第 2 次印刷 |
| 定　　价 / | 34.00 元 |

责任编辑 / 张荣君
文案编辑 / 张荣君
责任校对 / 周瑞红
责任印制 / 边心超

图书出现印装质量问题，请拨打售后服务热线，本社负责调换

# PREFACE 前言

  Java 语言具有许多优秀的特性，如简单性、面向对象、分布式、健壮性、可移植性、安全性等，这些特性得到业界广泛认可，从而使其成为较为流行的程序设计语言之一，在互联网、企业信息化、嵌入式设备和电子产品等领域具有广泛的应用。

  1. 本书结构及特点

  本书主要采用任务引领的实践操作模式，使学习者通过对任务的操作实训，掌握知识、实现技能，融会贯通，将对知识的掌握和技术的应用有效融为一体。本书采用实际生活中大家所熟悉的实例来导入知识讲解，从而使概念更加生动且人性化，更容易理解，进而使学生对概念的运用也更加得心应手。

  本书精心设计了与教学目标结合紧密，适于学生学和教师教的案例，将知识讲解融入任务之中，并能很好地指导学生实践，有利于学习者理解和巩固知识，在完成任务的实践中培养技术应用能力。

  本书每一个项目都可独立学习，教师可以根据应用需要进行选择。本书的实例都是可以运行的，建议学生在学习过程中输入书中的例子以加强实践，以便更好、更快地掌握技术要领。

  本书具有以下特点。

  （1）内容精练、重点突出。Java 是一个复杂的知识体系，其包含内容很多，为适应市场需求，且在有限的时间内将基础的、关键的知识介绍给学生，编者在内容上做了精心的选择和组织，力求使知识讲解全面、系统，使全书重点突出、强调实用。全书每个任务中均包含任务描述、实践操作、巩固训练等环节，并在必要任务中设置了知识拓展的内容，为学生进一步理解掌握抽象知识提供了保障。

  （2）实例丰富、举一反三。Java 编程课程一直被学生认为是比较难学的一门专业基础课，针对这一现象，编者在本书编写过程中，从不同角度设计了大量实例，尽量将抽象的 Java 概念、技术同比较直观的、与生活实际密切联系的实例结合起来，将知识讲解融入具体的程序设计中，各任务中均贯穿一个典型案例，使知识与实例相辅相成，让学生对所学知识先形成比较深刻的感性认识，再带着好奇去探究其原理及应用，最终达到既有利于学习知识，又有利于指导实践的目的。

  （3）由浅入深、言简意赅。本书体系结构力求由浅入深，循序渐进，理论与实践相结合，书中理论讲解通俗易懂、言简意赅；例题设计的宗旨是加深对概念、编程思想、编程方法的理解和说明，追求简单、典型、完整的目标。

（4）实现教学资源共建共享。发挥"互联网+教材"的优势，教材配备相应的视频资源，以便学生学习时获得数字课程资源的支持。同时提供配套教学课件、教学设计等供任课教师使用。新形态一体化教材便于学生即时学习和个性化学习，有助于教师借此创新教学模式。

2. 课时安排

本书建议学时为72学时，具体参考如下。

| 项目 | 任务 | 建议学时 |
| --- | --- | --- |
| 项目1 搭建Java开发环境 | 任务 安装和配置Java开发环境 | 2 |
| 项目2 计算扇形的面积与周长 | 任务1 创建Java程序并创建一个类 | 2 |
| | 任务2 计算并输出扇形的周长和面积 | 4 |
| 项目3 计算月份天数程序设计 | 任务 计算月份天数 | 4 |
| 项目4 猜数字游戏程序设计 | 任务 根据等式猜数字 | 4 |
| 项目5 描述一个"类" | 任务1 创建有关人的"类" | 2 |
| | 任务2 借书卡程序实现 | 4 |
| | 任务3 实现Java程序中类的组织 | 2 |
| 项目6 管理员工信息 | 任务 实现员工信息管理 | 4 |
| 项目7 显示不同类别的员工信息 | 任务 实现员工信息分类 | 4 |
| 项目8 模拟USB接口 | 任务 实现USB接口模拟 | 4 |
| 项目9 快速计算学生成绩 | 任务 实现学生成绩计算 | 4 |
| 项目10 天气预报 | 任务 实现天气预报信息处理 | 4 |
| 项目11 实现除法计算 | 任务 实现一个除法计算器 | 4 |
| 项目12 计算最大公约数 | 任务 实现一个最大公约数计算器 | 4 |
| 项目13 设计油耗计算器 | 任务 实现一个油耗计算器 | 4 |
| 项目14 设计数学计算器界面 | 任务 设计一个计算器的界面 | 4 |
| 项目15 实现计算器操作 | 任务 实现计算器的事件处理 | 4 |
| 项目16 设计字体与菜单 | 任务1 实现一个字体设置窗口 | 4 |
| | 任务2 实现一个字体设置菜单 | 4 |

编者在编写本书的过程中，参考了大量文献资料，在此向相关作者表示诚挚的谢意。

由于编者水平有限，书中不足之处在所难免，恳请广大读者批评指正。

编　者

# CONTENTS 目录

## 项目1 搭建 Java 开发环境 /1

### 任务 安装和配置 Java 开发环境 /2

1.1 Java 的特点及优势 /2

1.2 Java 的运行机制 /3

1.3 Java 的 JDK /4

1.4 实践操作：安装和配置 Java 开发环境 /5

## 项目2 计算扇形的面积与周长 /9

### 任务1 创建 Java 程序并创建一个类 /10

2.1 Java 的两类程序结构 /10

2.2 实践操作：使用 Eclipse 创建 Java 程序并创建一个类 /11

### 任务2 计算并输出扇形的周长和面积 /15

2.3 Java 语言系统 /15

2.4 实践操作：编程输出扇形的周长和面积 /24

## 项目3 计算月份天数程序设计 /27

### 任务 计算月份天数 /28

3.1 顺序结构 /28

3.2 选择结构 /28

3.3 分支结构 /31

3.4 实践操作：运用分支结构判断月份天数 /33

## 项目4 猜数字游戏程序设计 /37

### 任务 根据等式猜数字 /38

4.1 循环结构 /38

4.2 实践操作：猜数字游戏的程序设计 /44

## 项目5 描述一个"类" /47

### 任务1 创建有关人的"类" /48

5.1 类与对象的概念与关系 /48

5.2 类的定义 /49

5.3 创建对象 /51

|   |   |   |
|---|---|---|
| 5.4 实践操作：描述"人"类信息程序设计 | | /52 |
| **任务2 借书卡程序实现** | | **/54** |
| 5.5 类的方法 | | /55 |
| 5.6 构造方法 | | /56 |
| 5.7 方法重载 | | /58 |
| 5.8 变量的作用域 | | /60 |
| 5.9 定义包和导入包的关键字 | | /62 |
| 5.10 实践操作：图书借阅卡程序 | | /63 |
| **任务3 实现Java程序中类的组织** | | **/65** |
| 5.11 封装 | | /66 |
| 5.12 Java的修饰符 | | /67 |
| 5.13 实践操作：使用包来进行Java程序中类的组织 | | /69 |

# 项目6 管理员工信息 /73

## 任务 实现员工信息管理 /74

6.1 继承 /74
6.2 方法的覆盖 /76
6.3 this 和 super 关键字 /76
6.4 最终类和抽象类 /78
6.5 实践操作：员工信息管理程序编写 /79

# 项目7 显示不同类别的员工信息 /82

## 任务 实现员工信息分类 /83

7.1 多态的概念 /83
7.2 多态的用法 /83
7.3 实践操作：显示不同类别员工信息程序编写 /85

# 项目8 模拟USB接口 /87

## 任务 实现USB接口模拟 /88

8.1 Java 接口 /88
8.2 接口与多态 /90
8.3 面向接口编程的步骤 /91
8.4 接口中常量的使用 /93
8.5 实践操作：USB接口模拟程序编写 /93

# 项目9 快速计算学生成绩 /97

## 任务 实现学生成绩计算 /98

9.1 一维数组 /98

| | | |
|---|---|---|
| 9.2 | 二维数组 | /104 |
| 9.3 | 实践操作：学生成绩计算程序编写 | /106 |

## 项目 10　天气预报　　/111

### 任务　实现天气预报信息处理　　/112

| | | |
|---|---|---|
| 10.1 | 创建 String 字符串 | /112 |
| 10.2 | String 类的常用操作 | /113 |
| 10.3 | StringBuffer 类的常用方法 | /115 |
| 10.4 | 实践操作：天气预报信息处理程序设计 | /116 |

## 项目 11　实现除法计算　　/120

### 任务　实现一个除法计算器　　/121

| | | |
|---|---|---|
| 11.1 | 异常概念及处理机制 | /121 |
| 11.2 | 异常的分类 | /121 |
| 11.3 | 异常的捕获与处理 | /122 |
| 11.4 | 实践操作：除法计算器程序设计 | /125 |

## 项目 12　计算最大公约数　　/128

### 任务　实现一个最大公约数计算器　　/129

| | | |
|---|---|---|
| 12.1 | 自定义异常 | /129 |
| 12.2 | 抛出异常 throw | /130 |
| 12.3 | 上报异常 throws | /130 |
| 12.4 | 实践操作：最大公约数计算器设计 | /131 |

## 项目 13　设计油耗计算器　　/135

### 任务　实现一个油耗计算器　　/136

| | | |
|---|---|---|
| 13.1 | 抽象窗口工具集 | /136 |
| 13.2 | Swing 组件简介 | /137 |
| 13.3 | JComponent 组件 | /138 |
| 13.4 | JFrame 组件 | /138 |
| 13.5 | Swing 的其他常用组件 | /139 |
| 13.6 | 实践操作：油耗计算器程序设计 | /140 |

## 项目 14　设计数学计算器界面　　/146

### 任务　设计一个计算器的界面　　/147

| | | |
|---|---|---|
| 14.1 | Java 布局管理 | /147 |
| 14.2 | 常见的布局管理器 | /147 |
| 14.3 | 实践操作：计算器界面设计 | /151 |

## 项目 15　实现计算器操作　　/155

### 任务　实现计算器的事件处理　　/156

　　15.1　Java 事件　　/156

　　15.2　Java 事件处理机制　　/157

　　15.3　Java 事件体系结构　　/158

　　15.4　Java 事件监听器和监听方法　　/160

　　15.5　实践操作：计算器事件处理　　/163

## 项目 16　设计字体与菜单　　/167

### 任务 1　实现一个字体设置窗口　　/168

　　16.1　组合框 JComboBox　　/168

　　16.2　复选框 JCheckBox　　/169

　　16.3　单选按钮 JRadioButton　　/170

　　16.4　列表框 JList　　/170

　　16.5　选择事件　　/171

　　16.6　实践操作：字体设置窗口程序设计　　/172

### 任务 2　实现一个字体设置菜单　　/174

　　16.7　JMenuBar 菜单栏　　/175

　　16.8　JMenu 菜单项　　/176

　　16.9　JMenu 菜单项　　/177

　　16.10　JCheckBoxMenuItem　　/178

　　16.11　JRadioButtonMenuItem　　/178

　　16.12　实践操作：字体设置菜单设计　　/179

## 参考文献　　/183

# PROJECT 1 项目 ① 搭建Java开发环境

## 学习目标

1. 了解 Java 特点及优势。
2. 掌握搭建 Java 集成开发环境的方法。
3. 掌握 Eclipse 的安装和配置方法。

# 任务 ▶ 安装和配置 Java 开发环境

## 【任务描述】

安装和配置 Java 开发环境：作为一个开发者，在使用任何一种语言或工具进行开发工作之前都要配置好开发环境，进行 Java 程序开发也不例外。JDK（Java Development Kit，Java 开发者工具箱）是 Sun 公司针对 Java 开发的软件开发工具包（Software Development Kit，SDK）。自从 Java 推出以来，JDK 已经成为使用最广泛的 Java SDK。Java 的开发工具有很多，最简单的有记事本与控制台的组合，另外还有 UltraEdit、JCreator、NetBeans IDE、JBuilder 和 Eclipse 等。这些集成开发环境的使用都是类似的，在学习过程中只需要熟练掌握使用其中一种就可以了。下面以 Eclipse 为例介绍集成开发环境的基本使用方法。

## 1.1 Java 的特点及优势

Java 是一种优秀的编程语言，它最大的特点就是平台无关性，在 Windows 系列、Linux、Solaris、MacOS 等平台上，都可以使用相同的代码。除此之外，它还具有：面向对象、可靠性和安全性、多线程等特性。

### 1. 平台无关性

Java 的平台无关性是指用 Java 写的应用程序不用修改就可在不同的软硬件平台上运行。平台无关有两种：源代码级和目标代码级。C 和 C++具有一定程度的源代码级平台无关，即用 C 或 C++编写的应用程序不用修改只需重新编译就可以在不同平台上运行。Java 具有目标代码级平台无关，只需要写好 Java 代码，就可以将其运行在安装了 JDK 的机器上面，由不同的解释器把 Java 翻译的字节码解释为不同的机器码，达到在不同平台运行的效果。

### 2. 面向对象

面向对象是软件工程学的一次革命，大大提升了人类的软件开发能力，是一个伟大的进步，是软件发展史上的一个重要的里程碑。

在过去的几十年间，面向对象有了长足的发展，充分体现了其自身的价值，到现在已经形成了一个包含"面向对象的系统设计""面向对象的系统设计"的完整体系。现代编程语言是不能偏离这一方向的，Java 语言也不例外。

### 3. 可靠性和安全性

Java 的最初设计目的是应用于电子类消费产品，因此要求较高的可靠性。Java 虽然源于 C++，但它消除了许多 C++ 中的不可靠因素，可以防止许多编程错误。Java 主要应用于网络应用程序开发，因此对安全性有较高的要求。如果没有安全保证，用户从网络中下载程序执行就非常危险。Java 通过自己的安全机制防止了病毒程序的产生和下载程序对本地系统的威胁与破坏。

### 4. 多线程

Java 在两方面支持多线程。一方面，Java 环境本身就是多线程的。若干个系统线程运行负责必要的无用单元回收、系统维护等系统级操作。另一方面，Java 语言内置多线程控制，可以大大简化多线程应用程序开发。

## 1.2 Java 的运行机制

Java 程序的运行必须经过编写、编译、运行 3 个步骤。编写是指在 Java 开发环境中进行程序代码的输入，最终形成扩展名为 .java 的 Java 源文件。编译是指使用 Java 编译器对源文件进行错误排查的过程。编译后将生成扩展名为 .class 的字节码文件，它不像 C 语言那样最终生成可执行文件。运行是指使用 Java 解释器将字节码文件翻译成机器代码，执行并显示结果。Java 程序运行机制如图 1-1-1 所示。

Java 虚拟机（JVM）是 Java 平台无关的基础，在 Java 虚拟机上，有一个用来解释 Java 编译器编译后的程序的 Java 解释器。Java 编程人员在编写完软件后，通过 Java 编译器将 Java 源文件编译为 Java 虚拟机的字节码文件。任何一台机器只要配备了 Java 解释器，就可以运行这个程序，而不管这种字节码是在何种平台上生成的。另外，Java 采用的是基于电气电子工程师学会（Institute of Electrical and Electronics Engineers，IEEE）标准的数据类型。JVM 保证了数据类型的一致性，也确保了 Java 的平台无关性。

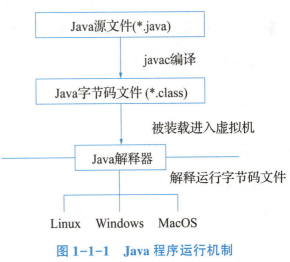

图 1-1-1 Java 程序运行机制

字节码文件是一种和任何具体机器环境及操作系统环境无关的中间代码，它是一种二进制文件，是 Java 源文件由 Java 编译器编译后生成的目标代码文件。编程人员和计算机都无法直接读懂字节码文件，它必须由专用的 Java 解释器来解释运行。

**Java 程序的运行机制**

Java 解释器负责将字节码文件翻译成具体硬件环境和操作系统平台

— 3 —

下的机器代码，以便执行。因此，Java 程序不能直接运行在现有的操作系统平台上，它必须运行在被称为 Java 虚拟机的软件平台之上。

在运行 Java 程序时，首先会启动 Java 虚拟机，然后由它来负责解释执行 Java 的字节码，并且 Java 字节码只能运行于 Java 虚拟机之上。这样利用 Java 虚拟机就可以把 Java 字节码文件和具体的硬件平台及操作系统环境分隔开，只要在不同的计算机上安装了针对特定具体平台的 Java 虚拟机，Java 程序就可以运行，而不用考虑当前具体的硬件平台及操作系统环境，也不用考虑字节码文件是在何种平台上生成的。Java 虚拟机把这种不同软硬件平台的具体差别隐藏起来，从而实现了真正的二进制代码级的跨平台移植。Java 虚拟机是 Java 平台无关的基础，Java 的跨平台特性正是通过在 Java 虚拟机中运行 Java 程序实现的。

## 1.3　Java 的 JDK

JDK 是 Sun 公司免费提供给全世界 Java 程序员的 Java 开发工具。JDK 是命令行式的。它主要包括以下几个常用工具。

1）java.exe：Java 程序编译器，能将源代码编译成字节码，以 .class 扩展名存入 Java 工作目录中。执行命令格式如下。

```
java [选项]文件名
```

2）java.exe：Java 解释器，执行字节码程序。该程序是类名所指的类，必须是一个完整定义的名称，必须包括该类所在包的包名，而类名和包名之间的分隔符是"."。执行命令格式如下。

```
java [选项]类名 [程序参数]
```

3）javadoc.exe：Java 文档生成器，对 Java 源文件和包以 HTML 格式产生文档。

4）javap.exe：Java 类分解器，对 .class 文件提供字节码的反汇编并输出。默认输出类的公共域、方法、构造方法和静态初值。执行命令格式如下。

```
javap [选项]类名
```

5）jdb.exe：Java 调试器，如编译器返回程序代码错误，它可以对程序进行调试。执行命令格式如下。

```
jdb [解释器选项]类名
```

6）javaprof.exe：Java 剖析工具，提供解释器剖析信息。执行命令格式如下。

```
javaprof [选项]
```

7）appletviewer.exe：Java Applet 浏览器。执行命令格式如下。

```
appletviewer [-debug]URL
```

## 1.4 实践操作：安装和配置 Java 开发环境

### 1. 实现思路

1）安装和配置 JDK。

2）安装和配置 Eclipse。

### 2. 实施步骤

（1）JDK 下载

在 JDK 官方网站上下载安装包。

（2）JDK 安装

1）双击下载的 JDK 可执行文件进行安装。图 1-1-2 是 JDK 安装初始界面，单击"接受"按钮进入图 1-1-3 所示 JDK 安装目录及组件选择界面。

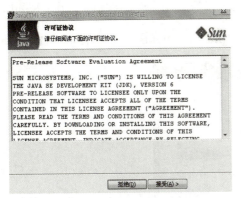

图 1-1-2　JDK 安装初始界面

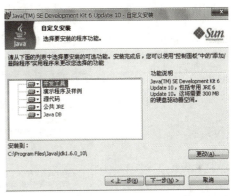

图 1-1-3　JDK 安装目录及组件选择界面

2）可以通过单击"更改"按钮改变 JDK 的安装路径。选择好路径后单击"下一步"按钮进入图 1-1-4 所示界面，该界面显示 JDK 安装进度。

3）在安装的过程中，出现如图 1-1-5 所示的提示安装 JRE 的界面时，可以通过"更改"按钮改变 JRE 的安装路径，选择好路径后单击"下一步"按钮进入图 1-1-6 所示的界面，该界面显示 JRE 安装进度。

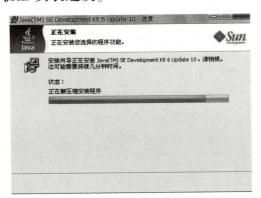

图 1-1-4　JDK 安装进度

图 1-1-5　提示安装 JRE 的界面

4)安装完成后显示图 1-1-7 所示 JDK 安装完成界面。

图 1-1-6　JRE 安装进度

图 1-1-7　JDK 安装完成界面

(3) 环境变量设置

1) 右击桌面上的"计算机"图标，在弹出的快捷菜单中选择"属性"命令，弹出"系统属性"对话框，如图 1-1-8 所示。在"系统属性"对话框"高级"选项卡中单击"环境变量"按钮，弹出"环境变量"对话框。其中系统变量需要设置 3 个属性：JAVA_HOME、PATH 和 classpath。

图 1-1-8　"系统属性"对话框

2) 单击"新建"按钮，弹出"新建系统变量"对话框，设置变量名为"JAVA_HOME"，即 java 的安装路径，变量值为安装路径"C:\Program Files\Java\jdk1.6.0_02"，即 JDK 的安装路径，如图 1-1-9 所示。

图 1-1-9　"新建系统变量"对话框

3）在系统变量中找到 PATH，单击"编辑"，弹出"编辑系统变量"对话框。这里"PATH"这个变量的含义就是系统在任何路径下都可以识别 Java 命令。之后，添加变量值"；% JAVA_HOME %\bin;%java_home%\jre\bin"（其中"% JAVA_HOME %"的含义是设置的 JAVA_HOME 的值），如图 1-1-10 所示。

图 1-1-10　"编辑系统变量"对话框

4）单击"新建"按钮，弹出"新建系统变量"对话框，进行 classpath 变量的配置：变量名为"classpath"，该变量的含义为 Java 加载类（bin 或 lib）的路径，只有类在 classpath 中，Java 命令才能识别；其值为"．;%java_home%\lib;%java_home%\lib\ tools.jar"。如图 1-1-11 所示。

图 1-1-11　classpath 变量的配置

注意：在配置 classpath 变量时，"．;"表示当前目录，必须添加。

验证 JDK1.6 安装是否成功。选择"开始"→"运行"命令，弹出"运行"对话框，输入"cmd"，打开命令提示符窗口，输入"java-version"，如果安装成功，则系统显示"java version "1.6.0_02"……"（不同版本号内容不同），如图 1-1-12 所示。

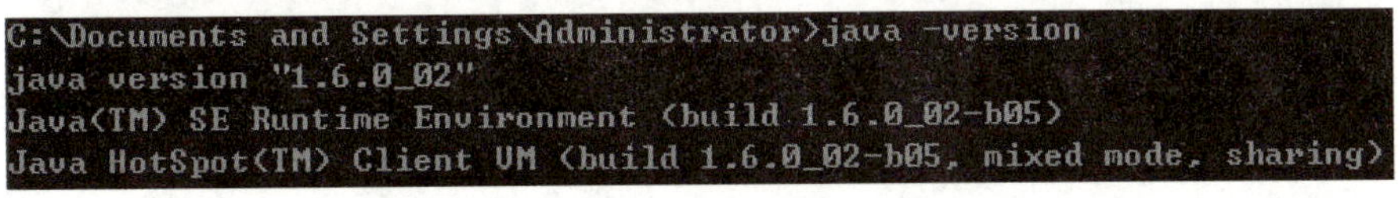

```
C:\Documents and Settings\Administrator>java -version
java version "1.6.0_02"
Java(TM) SE Runtime Environment (build 1.6.0_02-b05)
Java HotSpot(TM) Client VM (build 1.6.0_02-b05, mixed mode, sharing)
```

图 1-1-12　验证 JDK1.6 安装是否成功

（4）安装和配置 Eclipse

到 Eclipse 官方网站下载相关软件，解压缩之后，Eclipse 即可使用。在 Eclipse 安装目录下找到 eclipse.exe 可执行文件，双击就可以启动 Eclipse。

【知识拓展】

C 语言和 C++ 是贝尔实验室的研发产物。C++ 完全向 C 兼容，C 程序几乎不用修改即可在 C++ 的编译器上运行。C++ 又称带类的 C 语言，其在 C 语言的基础上增加了许多面向对象的概念。Java 继承了 C 语言和 C++ 的许多东西，但和两者已完全不一样了。

C 语言是一种结构化编程语言。它层次清晰，便于按模块化方式组织程序，易于调试和维

护。C语言的表现能力和处理能力极强。它不仅具有丰富的运算符和数据类型，便于实现各类复杂的数据结构，还可以直接访问内存的物理地址，进行位（bit）一级的操作。C语言实现了对硬件的编程操作，因此C语言集高级语言和低级语言的功能于一体。其既可用于系统软件的开发，又适合于应用软件的开发。此外，C语言还具有效率高、可移植性强等特点。因此，C语言广泛地移植到了各类各型计算机上，从而形成了多种版本的C语言。

　　C++是在C语言的基础上改进后的一种编程语言，主要增添了许多新的功能，难度也比C语言大。和C语言一样，C++侧重于计算机底层操作，也就是系统软件的开发。

　　Java是在C++的基础上再一次改进后的编程语言，侧重于网络和数据库编程。

　　这3种编程语言的语法基本上是一样的，不过具体的内容差别较大。

【巩固训练】

## 环境搭建

### 1. 实训目的

能够按照任务实施的具体步骤，实现环境搭建。

### 2. 实训内容

仿照任务实施的具体过程，完成：JDK的下载、JDK的安装、环境变量设置，在命令提示符窗口运行Java命令和Javac命令。

# PROJECT 2 项目 ②

# 计算扇形的面积与周长

## 学习目标

1. 掌握 Java 的程序结构。
2. 掌握使用 Eclipse 创建 Java 程序的步骤。
3. 掌握 Java 中的标识符、关键字和保留字。
4. 掌握 Java 中的注释方法。
5. 掌握 Java 的常量和变量。
6. 掌握 Java 中的数据类型。
7. 掌握 Java 的数据类型转换。
8. 掌握 Java 的运算符和表达式。

# 任务 1  创建 Java 程序并创建一个类

## 【任务描述】

使用 Eclipse 编写第一个 Java 程序，在 Eclipse 控制台输出一个字符串："Welcome to Java World!"。其运行结果如下。

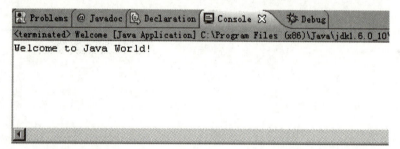

## 2.1  Java 的两类程序结构

Java 程序主要分为两类：Java 应用程序（Java Application）和 Java 小程序（Java Applet）。

### 1. Java 应用程序

Java 应用程序是指能够独立运行的程序。它需要独立的解释器来解释运行。Java 应用程序的主类必须有一个定义为 public static void main(String[] args) 的 main() 方法。该方法是 Java 应用程序的标志，也是 Java 应用程序执行时的入口点。

Java 应用程序的结构大致如下。

```
① package com.task02;
② import java.io.*;
③ public class Welcome {
④     public static void main(String[]args){
           //TODO Auto-generated method stub
⑤         ……//这里编写代码
       }
   }
```

其中，①表示程序所在的包，②表示程序需要导入的包，③表示程序的外层框架，④表示 Java 应用程序入口点，⑤表示编写代码的位置。

## 2. Java 小程序

Java 小程序是运行于各种网页文件中，用于增强网页人机交互、动画显示、声音播放等功能的程序，它不能独立运行。

Java 小程序的结构大致如下。

```
package com.task02;                    //本文件所属包名
import java.applet.*;                  //导入所需要的包
import java.awt.*;                     //导入所需要的包
public class Welcomeextends Applet {
    //Java 小程序入口点
    ……                                //这里编写代码
}
```

## 2.2 实践操作：使用 Eclipse 创建 Java 程序并创建一个类

### 1. 使用 Eclipse 创建 Java 程序

1）打开 Eclipse，通过执行"File"→"New"→"Java Project"命令，打开"New Java Project"对话框。创建一个新的项目，在"Project name"文本框中输入项目的名称，单击"Finish"按钮完成项目的创建，如图 2-1-1 所示。

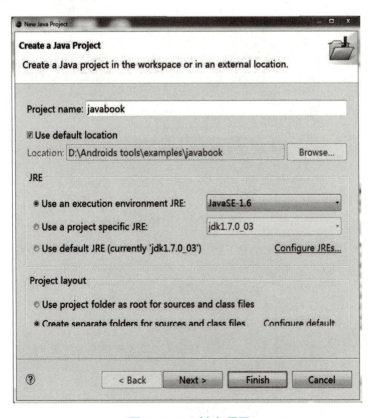

图 2-1-1　创建项目

— 11 —

2)创建完成后,在 Eclipse 窗口左边的项目目录树中会出现图 2-1-2 所示的项目(javabook)。

3)右击项目中的"src",在弹出的快捷菜单中选择"New"→"Package"命令,打开图 2-1-3 所示的对话框。在"Name"文本框中输入包名"com.task02",单击"Finish"按钮完成包的创建。

图 2-1-2  项目目录树

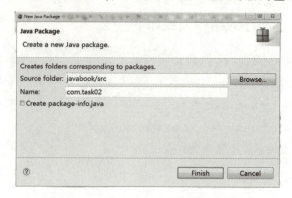

图 2-1-3  创建包

4)右击"com.task02",在弹出的快捷菜单中选择"New"→"Class"命令,打开图 2-1-4 所示的对话框。在"Name"文本框中输入"Welcome",并勾选"public static void main(String[ ] args)"复选框,单击"Finish"按钮完成类的创建,出现图 2-1-5 所示的代码编写窗口。在其中即可进行代码编写工作。

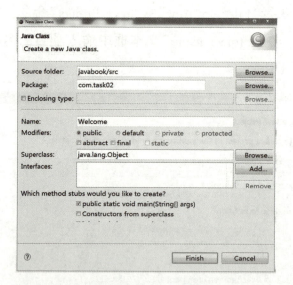

图 2-1-4  创建类

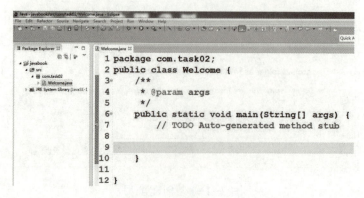

图 2-1-5  代码编写窗口

## 2. 使用 Eclipse 创建一个名为"Welcome"的类

（1）实施思路

1）按照上述步骤创建一个名为"Welcome"的类。

2）在 main() 方法中书写向控制台输出信息的代码。

（2）程序代码

代码如下。

```java
package com.task02;                                      //包名
public class Welcome {
    public static void main(String[]args){               //程序执行入口
        //TODO Auto-generated method stub
        System.out.print("Welcome to Java World!");      //控制台输出语句
    }
}
```

【知识拓展】

Java 程序运行时有一个入口，Java 定义该入口的格式如下。

```java
public static void main(String[]args);
```

main() 方法中有一个 String 数组类型的参数"args"。下面通过一个参数传递范例讲解 main() 方法参数的输入方法。

【实例 2-1-1】Java 命令行参数传递范例。

```java
package com.task02;
public class Welcome {
    public static void main(String[]args){
        //TODO Auto-generated method stub
        System.out.println(args[0]);    //输出第一个参数
        System.out.println(args[1]);    //输出第二个参数
        System.out.println(args[2]);    //输出第三个参数
        System.out.println(args[3]);    //输出第四个参数
    }
}
```

右击"Welcome.java"，在弹出的快捷菜单中选择"Run As"→"Run Configuration"命令，打开图 2-1-6 所示的对话框。选择"Arguments"选项卡，在"Program arguments"中输入"Welcome to Java World!"，单击"Run"按钮。

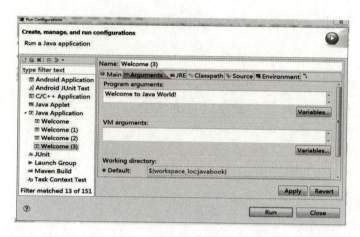

图 2-1-6　main()方法参数设置

经验：参数之间使用空格隔开，多个空格将被忽略。

运行结果如图 2-1-7 所示。

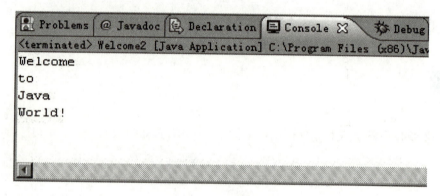

图 2-1-7　运行结果

【巩固训练】

## 输出自己的基本信息

### 1. 实训目的

1）掌握使用 Eclipse 开发简单 Java 程序的方法。
2）掌握 Java 程序的框架。
3）掌握创建一个 Java 程序的步骤。
4）掌握 Java 项目组织结构。

### 2. 实训内容

仿照本任务在 Eclipse 中编写一个输出自己基本信息（如所在学校、所属专业、姓名和年龄）的 Java 应用程序。

## 任务 2  计算并输出扇形的周长和面积

### 【任务描述】

输入扇形的半径和角度,在控制台输出扇形的周长和面积。要求:扇形的周长只保留整数部分,舍掉小数部分。其运行结果如图 2-2-1 所示。

图 2-2-1  计算并输出扇形的周长和面积运行结果

## 2.3  Java 语言系统

### 1. Java 中的标识符

程序中的各个元素命名时使用的命名标记称为标识符。Java 中的包、类、方法、参数和变量的名称,可由任意顺序的大小写字母、数字、下画线(_)和美元符号($)组成,但标识符不能以数字开头,且不能是 Java 中的保留字或关键字。

标识符

例如,下面是合法的标识符。

```
yourname    your_name    _yourname    $yourname
```

例如,下面是非法的标识符。

```
class    67.9    Hello Careers
```

### 2. Java 中的关键字

和其他语言一样,Java 中也有许多关键字,如 public、static 等。这些关键字不能当作标识符使用。表 2-2-1 中列出了 Java 中常用的关键字,这些关键字并不需要读者去强记,因为一旦使用这些关键字做标识符,编辑器会自动提示错误。

表 2-2-1　Java 中常用的关键字

| 关键字 | 用途 |
| --- | --- |
| boolean、byte、char、double、float、int、long、short、void | 基本类型 |
| true、false | 布尔类型 |
| abstract、final、private、protected、public、static | 修饰说明 |
| synchronized | 线程同步 |
| if、else、switch、case、default、do、while、for | 控制语句 |
| break、continue、return | 控制转移 |
| try、catch、finally、throws、assert | 异常处理 |
| new、super、this、instanceof、null | 对象创建、引用 |
| native、transient、volatile | 其他 |

### 3. Java 中的保留字

保留字是指 Java 中现在还没有用到，但是随着 Java 版本的升级以后可能用到的字符。Java 中的保留字主要有两个：goto 和 const。与关键字一样，在程序中保留字不能用来作为自定义的标识符。

### 4. Java 中的注释

程序中的注释可以用来解释程序中某些语句的作用和功能，提高程序的可读性；也可以用来在原程序中插入设计者的个人信息；还可以用来暂时屏蔽某些程序语句，让编译器暂时不要处理这部分语句，等到需要处理的时候，只需把注释标记取消就可以了。下面介绍常用的两种注释类型。

注释

（1）单行注释

单行注释在注释内容前面加双斜线(//)即可，Java 编译器会自动忽略这部分信息。例如：

```
System.out.print("Welcome to Java World!");//在控制台输出一条语句
```

（2）多行注释

多行注释，就是在注释内容前面以单斜线加一个星形标记(/*)开头，并在注释内容末尾以一个星形标记加单斜线(*/)结束。当注释内容超过一行时一般使用这种方法，例如：

```
/*
    int c=10;
    int x=5;
*/
```

### 5. Java 中的分隔符

Java 和其他语言一样也有起分割作用的特殊符号，称为分隔符。Java 中的分隔符有 6 个，分别是分号(;)大括号({})、方括号([])、小括号(())、圆点(.)和空格。

（1）分号

Java 是以分号而不是回车符作为语句的分隔，每一条结束的语句都要以分号结束。例如：

```
System.out.println(args[0]);        //语句结束
System.out.println(args[1]);        //不分行也不会报错
```

**注意**：中文的分号和英文的分号是有区别的，一定要区分开来。

（2）大括号

Java 中大括号用于定义一块代码。例如：

```
public static void main(String[]args){}     //方法体放在{}中
```

（3）方括号

方括号主要用于数组。例如：

```
public static void main(String[]args){}     //其中 String[]args 就是数组定义
```

（4）小括号

小括号是所有分隔符中功能最丰富的，包括：优先计算，如 2*(2+6)；强制类型转换，如(int)3.5；方法声明时参数的定义等。

（5）圆点

圆点通常作为在类和实例对象中调用方法、属性、内部类时的分隔符。

（6）空格

空格在 Java 中用于分隔一条语句不同部分。例如：

```
String name="qiice.com";    //String 和 name 是同一句的不同部分,用空格作为分隔符
```

### 6. Java 中的变量与常量

（1）Java 中的常量

所谓常量，就是程序运行过程中不改变的量。常量有几种不同的类型：布尔常量、整数型常量、字符型常量、浮点型常量和字符串型常量。

在 Java 语言中，使用 final 关键字声明常量，格式如下。

```
final 常量类型 常量标识符[=数值];
```

例如：

```
final PI=3.1415;        //声明一个常量 PI
```

**注意**：在 Java 语言中，定义常量的时候一般用大写字母。

（2）Java 中的变量

所谓变量，就是值可以改变的量。变量用来存放数据并保存对象的状态。变量的声明格

式如下。

```
变量类型 变量名；
```

例如：

```
String name;            //声明一个变量 name
```

声明变量之后，即可对其进行赋值，如使用以下方式对变量 name 进行赋值。

```
变量名=数值；
```

例如：

```
name="Tom";             //为变量 name 赋值
```

### 7. Java 中的数据类型

Java 的数据类型划分为两大类：基本数据类型和引用数据类型。基本数据类型的数据占用内存的大小固定，在内存中存入的是数据对象本身。引用数据类型在内存中存入的是引用数据的存放地址，并不是数据对象本身。Java 的数据类型如图 2-2-2 所示。

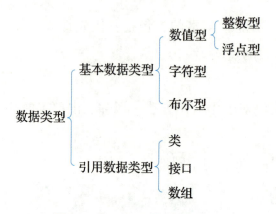

图 2-2-2　Java 的数据类型

（1）基本数据类型

1）数值型：数值型数据又分为整数型和浮点型两类。

① 整数型：整数型数据是指不带小数的数，包括负数，如 123、-345。整数型变量有 4 种，用来存储整数。

a. 字节型（byte）：用关键字 byte 定义的整数型变量，内存分配 1 字节（B），占 8 位，如 byte x;byte two=2;byte a,b,c=-127。

b. 短整型（short）：用关键字 short 定义的整数型变量，内存分配 2 字节，占 16 位，如 short a=3276。

c. 整型（int）：用关键字 int 定义的整数型变量，内存分配 4 字节，占 32 位，如 int two=99999。

d. 长整型（long）：用关键字 long 定义的整数型变量，内存分配 8 字节，占 64 位。在为 long 型常量或变量赋值时，需要在所赋值的后面加上一个字母"L"（或"l"），说明所赋的值为

long 型。如果所赋的值未超出 int 型的取值范围，也可以省略字母"L"(或"l")。例如：

```
long la=9876543234L;        //超出了 int 取值范围,必须加"L"
long lb=98765432L;          //未超出 int 取值范围,也可以加"L"
long lc=98765432;           //未超出 int 取值范围,可以省略"L"
```

② 浮点型：Java 中的浮点型变量有 float 型和 double 型两类。

a. float 型的应用示例如下。

```
float a=1.2f;               //声明 float 型变量并赋值
```

在为 float 型常量或变量赋值时，需要在所赋值的后面加上一个字母"F"(或"f")，说明所赋的值为 float 型。如果所赋的值为整数，并且未超出 int 型的取值范围，也可以省略字母"F"(或"f")。例如：

```
float fa=9412.75F;          //赋值为小数,必须"F"
float fb=9876543210F;       //赋值超出 int 取值范围,必须"F"
float fc=9412F;             //未超出 int 取值范围,可以"F"
float fd=9412;              //也可以省略"F"
```

b. double 型定义如下。

```
double a=1234567.89;        //声明 double 型变量并赋值
```

在为 double 型常量或变量赋值时，需要在所赋值的后面加上一个字母"D"(或"d")，说明所赋的值为 double 型。如果所赋的值为小数，或者所赋的值为整数并且未超出 int 型的取值范围，也可以省略字母"D"(或"d")。例如：

```
double da=9412.75D;         //所赋值为小数,可以加上"D"
double db=9412.75;          //所赋值为小数,也可以省略"D"
double dc=9412D;            //未超出 int 取值范围,可以加上"D"
double dd=9412;             //未超出 int 取值范围,可以省略"D"
double de=9876543210D;      //超出 int 取值范围,必须加上"D"
```

2) 字符型：Java 中的字符通过 Unicode 编码，以二进制的形式存储到计算机中。Unicode 编码采用无符号编码，一共可存储 65536 个字符。

声明为字符型的常量或变量用来存储单个字符，它占用内存的 2 字节。字符型利用关键字"char"进行声明。在为字符型常量或变量赋值时，无论值是一个英文字母、一个符号，还是一个汉字，都必须将所赋的值放在英文状态下的一对单引号中。例如：

```
char ca='M';                //将大写字母"M"赋值给 char 型变量
char cb='*';                //将符号"*"赋值给 char 型变量
char sex='男';              //将汉字"男"赋值给 char 型变量
```

Java 中还有一种特殊的字符称为转义字符，表 2-2-2 列出了 Java 中常用的转义字符及其含义。

表 2-2-2　Java 中常用的转义字符及其含义

| 转义字符 | 含义 |
| --- | --- |
| \' | 单引号字符 |
| \" | 双引号字符 |
| \\ | 反斜杠 |
| \r | 回车 |
| \n | 换行 |
| \f | 走纸换页 |
| \t | 横向跳格 |
| \b | 退格 |

3）布尔型：声明为布尔型的常量或变量用来存储逻辑值，逻辑值只有 true 和 false，分别用来代表逻辑判断中的"真"和"假"。布尔型利用关键字"boolean"进行声明。例如：

```
boolean ba=true;                //声明 boolean 型变量 ba,并赋值为 true
```

（2）引用数据类型

Java 语言中除 8 种基本数据类型外的数据类型称为引用数据类型，又称复合数据类型，包括类引用、接口引用及数组引用。在程序中声明的引用类型变量只是为该对象起一个名称，或者说是对该对象的引用，变量值是对象在内存空间的存储地址而不是对象本身，因此称为引用类型。

### 8. 数据类型转换

Java 的数据类型在定义时就已经确定了，因此不能随意转换成其他的数据类型，但 Java 容许用户有限度地做数据类型转换处理。数据类型的转换方式可分为自动类型转换及强制类型转换两种。

强制类型转换

（1）自动类型转换

当需要从低级类型向高级类型转换时，编程人员无须进行任何操作，Java 会自动完成类型转换。低级类型是指取值范围相对较小的数据类型，高级类型则指取值范围相对较大的数据类型，如 long 型相对于 float 型是低级数据类型，但是其相对于 int 型是高级数据类型。在基本数据类型中，除了 boolean 型外均可参与算术运算，将这些数据类型从低级到高级排序，如图 2-2-3 所示。

图 2-2-3　数据类型从低级到高级排序

例如：

```
int a=6;              //声明一个int型变量a
double b=a;           //将a赋值给b,会进行自动类型转换
```

(2)强制类型转换

如果需要把数据类型较高的数据或变量赋值给数据类型相对较低的变量,就必须进行强制类型转换。语法格式如下。

```
(数据类型)表达式;
```

例如,将Java默认为double型的数据7.5赋值给数据类型为int型变量的方式如下。

```
int i=(int)7.5;       //将7.5赋值给int型数据i,需进行强制类型转换
```

这句代码在数据7.5的前方添加了代码"(int)",意思就是将double型的7.5强制转换为int型。

在执行强制类型转换时,可能会导致数据溢出或精度降低。例如,上面语句中变量i的值最终为7,导致数据精度降低。

### 9. 运算符与表达式

Java中的语句有很多种形式,表达式就是其中一种。表达式由操作数与运算符所组成。操作数可以是常量、变量,也可以是方法;而运算符就是数学运算符号,如"+""-""*""/""%"等。以表达式"(z+100)"为例,"z"与"100"都是操作数,而"+"就是运算符,如图2-2-4所示。

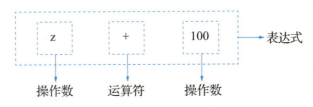

图2-2-4　Java中的表达式与运算符

Java中提供了许多运算符,这些运算符除了可以处理一般的数学运算外,还可以做逻辑运算、地址运算等。根据其所使用的类的不同,运算符可分为赋值运算符、算术运算符、关系运算符、逻辑运算符、自增自减运算符、位运算符和括号运算符等。

(1)赋值运算符

为各种不同数据类型的变量赋值时,需要使用赋值运算符"="。"="在Java中并不是"等于"的意思,而是"赋值"的意思。例如:

```
int i=5;              //为变量i赋值5
double d=3.145;       //为变量d赋值3.145
```

(2)算术运算符

算术运算符在数学运算中经常用到,包含+(加号)、-(减号)、*(乘号)、/(除号)、%

（余数），下面将一一介绍。

1）加法运算符"+"。将加法运算符"+"的前后两个操作数相加，例如：

```
System.out.println("3 +8 ="+(3+8));            //直接输出表达式的值
```

2）减法运算符"-"。将减法运算符"-"前面的操作数减去后面的操作数，例如：

```
num=num-3;                //将 num-3 运算之后的值赋给 num 存放
a=b- c;                   //将 b-c 运算之后的值赋给 a 存放
```

3）乘法运算符"*"。将乘法运算符"*"的前后两个操作数相乘，例如：

```
b=b* 5;                   //将 b* 5 运算之后的值赋给 b 存放
a=a * a;                  //将 a* a 运算之后的值赋给 a 存放
```

4）除法运算符"/"。将除法运算符"/"前面的操作数除以后面的操作数，例如：

```
a=b/5;                    //将 b/5 运算之后的值赋给 a 存放
c=c/d;                    //将 c/d 运算之后的值赋给 c 存放
```

使用除法运算符时要特别注意一点，就是数据类型的问题。以上面的例子来说，当 a、b、c、d 的类型皆为整数，但运算的结果不能整除时，输出的结果与实际的值会有差异，这是因为整数类型的变量无法保存小数点后面的数据，因此在声明数据类型及输出时要特别小心。

【实例 2-2-1】为两个整型变量 a、b 赋值，并将 a/b 的运算结果输出。

```
public static void main(String[]args)
{
    int a=13;                                      //声明变量并赋值
    int b=4;                                       //声明变量并赋值
    System.out.println("a="+a+", b="+b);
    System.out.println("a/b="+(a/b));
    System.out.println("a/b="+((float)a/b));       //进行强制类型转换
}
```

程序运行结果如下。

```
a=13,b=4
a/b=3
a/b=3.25
```

5）余数运算符。将余数运算符"%"前面的操作数除以后面的操作数，取其所得到的余数。例如：

```
num=num %3;               //将 num%3 运算之后的值赋给 num 存放
a=b%c;                    //将 b%c 运算之后的值赋给 a 存放
```

(3) 关系运算符

关系运算符用来比较两个值的关系，包括>(大于)、<(小于)、<=(小于或等于)、>=

(大于或等于)、==(等于)、!=(不等于)。关系运算符的运算结果是 boolean 型数据,当运算符对应的关系成立时,运算结果是 true,否则是 false。例如:

```
10<9 的结果是 false
5>1 的结果是 true
3!=5 的结果是 true
10>20-17 的结果为 true
```

(4) 逻辑运算符

逻辑运算符包括"&&""||"和"!"。其中,"&&""||"为二目运算符,实现逻辑与、逻辑或。"!"为单目运算符,实现逻辑非。逻辑运算符的操作数必须是 boolean 型数据,例如:

```
2>8&&9>2 的结果为 false
2>8||9>2 的结果为 true
```

(5) 自增自减运算符

自增运算符(++)与自减运算符(--)在 C/C++中就已经存在了,Java 仍然将它们保留了下来,是因为它们具有相当大的便利性。

善用自增与自减运算符可使程序更加简洁。例如,声明一个 int 类型的变量 a,在程序运行中想让它加 1,语句如下。

```
a=a+1;                              //a 加 1 后再赋值给 a 存放
```

上述语句的意思是将 a 的值加 1 后再赋值给 a 存放。可以利用自增运算符"++"写出更简洁的语句,而语句的意义是相同的。

```
a++;                                //a 加 1 后再赋值给 a 存放,a++为简洁写法
```

在【实例 2-2-2】中还可以看到另外一种自增运算符"++"的用法,就是自增运算符"++"在变量的前面,如++a,这和 a++所代表的意义是不一样的。a++会先执行整条语句后再将 a 的值加 1,而++b 先把 b 的值加 1 后,再执行整条语句。以下面的程序为例,将 a 与 b 的值皆设为 3,将 a++及++b 输出,可以轻易地比较出两者的不同。

【实例 2-2-2】自增自减运算符使用实例。

```
public static void main(String args[])
{
    int a=3, b=3;
    System.out.print("a="+a);                           //输出 a
    System.out.println(", a++="+(a++)+", a="+a);        //输出 a++和 a
    System.out.print("b="+b);                           //输出 b
    System.out.println(", ++b="+(++b)+", b="+b);        //输出++b 和 b
}
```

程序运行结果如下:

```
a=3,a++=3,a=4
b=3,++b=4,b=4
```

(6) 位运算符

任何信息在计算机中都是以二进制的形式存在的,位运算符对操作数中的每个二进制位都进行运算。位运算符包括~(位反)、>>(右移)、<<(左移)、>>>(不带符号的右移),例如:

```
5<<2;                    //将数字 5 左移 2 位
11>>2;                   //将数字 11 右移 2 位
```

(7) 括号运算符

括号()也是 Java 的运算符,括号运算符()用来处理表达式的优先级。以一个简单的加减乘除式子为例:

```
3+5+4* 6-7;              //未加括号的表达式
```

相信根据读者所学过的数学知识,这道题应该很容易解开。根据加减乘除的优先级(*、/的优先级高于+、-)来计算结果,这个式子的答案为 25。但是,如果想先计算 3+5+4 及 6-7 再将两数相乘,就必须将 3+5+4 及 6-7 分别加上括号,成为下面的式子:

```
(3+5+4)* (6-7);          //加上括号的表达式
```

加上括号运算符()后,计算结果为-12,所以括号运算符()可以使括号内表达式的处理顺序优先。

## 2.4 实践操作:编程输出扇形的周长和面积

### 1. 实施思路

1) 在 Eclipse 的项目中创建包 "com. task03",再创建类 AreaAndPerimeterOfFan。
2) 在 main() 方法中定义所需要的变量和常量。
3) 从命令行参数接收输入的数据,并转化为 float 型。
4) 根据扇形的公式求面积和周长。
5) 在控制台输出扇形的面积和周长。

### 2. 程序代码

```java
public static void main(String args[])
{
    final float PI=3.1415926927f;              //定义常量
    float perimeter,area;                      //周长和面积
```

```
float radius=Float.parseFloat(args[0]);        //由字符串转成数值
float angle=Float.parseFloat(args[1]);         //角度值
area=PI* radius* radius* angle/360;            //计算面积
perimeter=2* PI* radius* angle/360+2* radius;  //计算周长
int perimeterInt=(int)perimeter;
System.out.println("扇形的半径:"+radius);
System.out.println("扇形的角度:"+angle);
System.out.println("扇形的面积:"+area);
System.out.println("扇形的周长(只保留整数部分):"+perimeterInt);
}
```

【知识拓展】

Java 中规定了运算符的优先次序，即优先级。当一个表达式中有多个运算时将按规定的优先级进行运算，表 2-2-3 列出了各个运算符的优先级排列，数字越小的表示优先级越高。

表 2-2-3　Java 运算符的优先级

| 优先级 | 运算符 | 类 | 结合性 |
| --- | --- | --- | --- |
| 1 | ( ) | 括号运算符 | 由左至右 |
| | [ ] | 方括号运算符 | 由左至右 |
| 2 | !、+(正号)、-(负号) | 一目运算符 | 由右至左 |
| | ~ | 位逻辑运算符 | 由右至左 |
| | ++、-- | 自增与自减运算符 | 由右至左 |
| 3 | *、/、% | 算术运算符 | 由左至右 |
| 4 | +、- | 算术运算符 | 由左至右 |
| 5 | <<、>> | 位左移运算符、位右移运算符 | 由左至右 |
| 6 | >、>=、<、<= | 关系运算符 | 由左至右 |
| 7 | ==、!= | 关系运算符 | 由左至右 |
| 8 | &(位运算符 AND) | 位逻辑运算符 | 由左至右 |
| 9 | ^(位运算符号 XOR) | 位逻辑运算符 | 由左至右 |
| 10 | |(位运算符号 OR) | 位逻辑运算符 | 由左至右 |
| 11 | && | 逻辑运算符 | 由左至右 |
| 12 | || | 逻辑运算符 | 由左至右 |
| 13 | = | 赋值运算符 | 由右至左 |

表 2-2-3 的最后一列是运算符的结合性。结合性可以让程序设计者了解到运算符与操作

数之间的关系及其相对位置。举例来说,当使用同一优先级的运算符时,结合性就非常重要了,它决定谁会先被处理。读者可以看看下面的例子。

```
a=b +d/5* 4;
```

这个表达式中含有不同优先级的运算符,其中是"/"与"*"的优先级高于"+",而"+"又高于"=",但是读者会发现,"/"与"*"的优先级是相同的,到底d该先除以5再乘以4呢?还是5乘以4后d再除以这个结果呢?利用结合性就解决了这方面的困扰,算术运算符的结合性为"由左至右",就是在相同优先级的运算符中,先由运算符左边的操作数开始处理,再处理右边的操作数。上面的式子中,"/"与"*"的优先级相同,因此d会先除以5再乘以4得到的结果加上b后,将整个值赋给a存放。

【巩固训练】

# 实现一个数字加密器

## 1. 实训目的

1)能较熟练的使用Eclipse开发简单Java程序。
2)掌握变量的定义方式。
3)掌握Java运算符应用和表达式的书写。
4)掌握简单调试和排错方法。

## 2. 实训内容

实现一个数字加密器。运行时输入加密前的整数,通过加密运算后,输出加密后的结果,加密结果仍为一个整数。

加密规则为:加密结果=(整数*10+5)/2+3.14159。

# PROJECT 3 项目 ③

## 计算月份天数程序设计

### 学习目标

1. 理解程序常用的结构。
2. 掌握 if 语句结构。
3. 掌握 if-else 语句结构。
4. 掌握多重条件语句结构。
5. 掌握 switch 语句结构。

## 任务 ▶ 计算月份天数

### 【任务描述】

编写一个计算某个月份的天数程序,请用 if-else 条件语句和 switch 分支语句分别实现。要求根据用户输入的月份,判断出月份所包含的天数。其运行结果如图 3-1-1 所示。

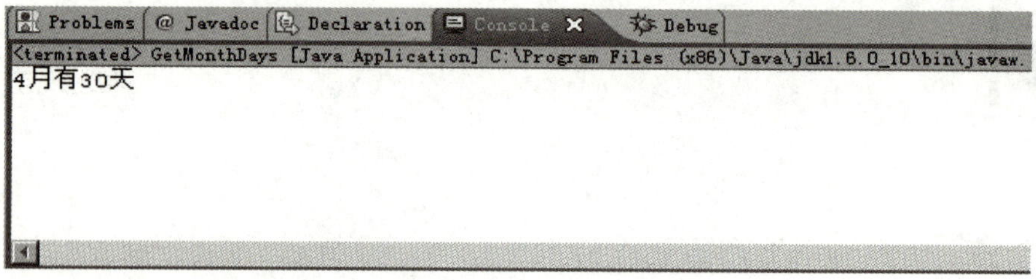

图 3-1-1 计算月份天数运行结果

## 3.1 顺序结构

顺序结构即程序自上而下逐行执行,一条语句执行完之后继续执行下一条语句,一直到程序的末尾。顺序结构的基本流程如图 3-1-2 所示。

顺序结构是程序设计中最常用的结构,在程序中扮演了非常重要的角色,因为大部分的程序是依照这种自上而下的流程来设计的。

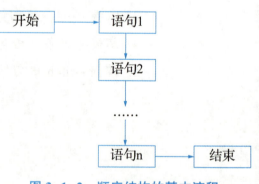

图 3-1-2 顺序结构的基本流程

## 3.2 选择结构

**1. if 语句结构**

if 语句结构的格式如下。

```
if(判断条件)
    {
        语句 1;
```

```
        语句2；
        ……
        语句3；
    }
```

若是在 if 语句主体中要处理的语句只有 1 条，可省略大括号。当判断条件的值不为假时，就会逐一执行大括号中所包含的语句。if 语句结构的流程图如图 3-1-3 所示。

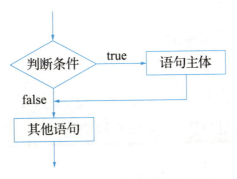

图 3-1-3　if 语句结构的流程图

【实例 3-1-1】if 条件语句示例。

```
public static void main(String args[])
    {
        int x=10;
        if(x==8)              //x的值为10,条件表达式的值为flase,所以不执行下面语句
        {
            System.out.print("x=8");
        }
    }
```

### 2. if-else 语句结构

当程序中存在含有分支的判断语句时，就可以用 if-else 结构处理。若判断条件成立，则执行 if 后面的语句主体 1；若判断条件不成立，则执行 else 后面的语句主体 2。if-else 结构的格式如下。

```
if(判断条件)
    {
        语句主体1;
    }
else
    {
        语句主体2;
    }
```

若是在语句主体 1 或语句主体 2 中要处理的语句只有一条，可以将大括号去除。if-else 语

句结构的流程图如图 3-1-4 所示。

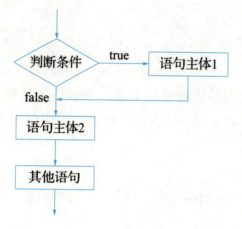

图 3-1-4　if-else 语句结构的流程图

【实例 3-1-2】声明一个整型变量 a，并给其赋初值 5，在程序中判断 a 是奇数还是偶数，再将判断的结果输出。

```java
public static void main(String args[])
{
    int a=5;
    if(a%2==1)
    System.out.println(a+"是奇数!");
    else
    System.out.println(a+"是偶数!");
}
```

程序运行结果如下。

```
5是奇数!
```

### 3. 多重条件语句结构

如果需要在 if-else 里判断多个条件，就需要 if-else if-else 语句了，其格式如下。

```
if(条件判断 1)
    {
        语句主体 1;
    }else if(条件判断 2)
    {
        语句主体 2;
    }
    ……//多个 else if()语句
    else
    {
        语句主体 n;
    }
```

【实例 3-1-3】多重条件语句结构实例。

```java
public static void main(String args[])
{
    int x=1;
    if(x==1)
    System.out.println("x==1");
    else if(x==2)
    System.out.println("x==2");
    else if(x==3)
    System.out.println("x==3");
    else
    System.out.println("x>3");
}
```

程序运行结果如下。

```
x==1
```

## 3.3 分支结构

switch 语句可以将多选一的情况简化，而使程序简洁易懂，在本部分中将要介绍如何使用 switch 语句及它的好伙伴——break 语句；此外，也要讨论在 switch 语句中如果不使用 break 语句会出现的问题。下面先来了解 switch 语句该如何使用。要在许多的选择条件中找到并执行其中一个符合判断条件的语句时，除了可以使用嵌套 if-else 不断地判断之外，还可以使用另一种更方便的方式，即分支结构——switch 语句。使用嵌套 if-else 语句常发生的状况就是容易将 if 与 else 配对混淆而造成阅读及运行上的错误。使用 swtich 语句则可以避免这种错误的发生。switch 语句的格式如下。

```
switch(表达式)
{
    case 选择值1:语句主体1;
    break;
    case 选择值2:语句主体2;
    break;
    ……
    case 选择值n:语句主体n;
    break;
    default:语句主体;
}
```

注解：

1) switch 语句先计算括号中表达式的结果。

2) 根据表达式的值检测是否符合执行 case 后面的选择值，若是所有 case 后的选择值皆不符合，则执行 default 所包含的语句，执行完毕即离开 switch 语句。

3) 如果某个 case 的选择值符合表达式的结果，就会执行该 case 所包含的语句，直到遇到 break 语句后才离开 switch 语句。

4) 若是没有在 case 语句结尾处加上 break 语句，则会一直执行到 switch 语句的尾端才会离开 switch 语句。break 语句在项目 4 中会具体介绍，这里读者只要先记住 break 是跳出语句就可以了。

5) 若是没有定义 default 该执行的语句，则什么也不会执行，直接离开 switch 语句。

根据上面的描述，可以绘制出图 3-1-5 所示的 switch 语句结构的流程图。

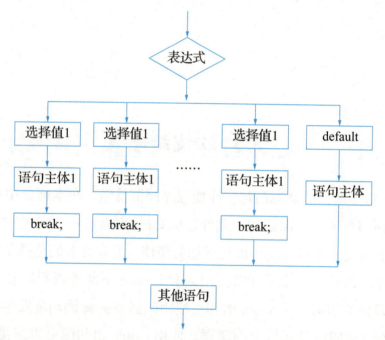

图 3-1-5　switch 语句结构的流程图

【实例 3-1-4】switch 分支语句实例。

```java
public static void main(String args[])
    {
        int a=100,b=7;
        char oper='/';
        switch(oper)                    //用 switch 实现多分支语句
        {
            case '+':
            System.out.println(a+"+"+b+"="+(a+b));
            break;
            case '-':
```

```
            System.out.println(a+"-"+b+"="+(a-b));
            break;
        case '*':
            System.out.println(a+"* "+b+"="+(a* b));
            break;
        case '/':
            System.out.println(a+"/"+b+"="+((float)a/b));
            break;
        default:
            System.out.println("未知的操作!");
    }
}
```

程序运行结果如下。

```
100/7=14.285714
```

## 3.4 实践操作：运用分支结构判断月份天数

**1. 实现思路**

1）获得用户在命令行输入的月份，并转换为整型。

2）使用 if-else 语句或 switch 语句判断，2月是28天，1月、3月、5月、7月、8月、10月、12月都是31天，其他月份是30天。

**2. 程序代码**

1）使用 if-else 语句实现的代码。

```
public static void main(String args[])
{
    int month;
    month=Integer.parseInt(args[0]);        //得到用户输入的月份
    if(month==2)                            //使用if语句控制判断月份拥有的天数
    {
        System.out.print(month+"月有 28 天");
    }
    else if(month==1 || month==3 || month==5 || month==7 || month==8 || month==10 ||
        month==12)
    {
        System.out.print(month+"月有 31 天");
    }
    else
```

```
        {
            System.out.print(month+"月有 30 天");
        }
    }
```

(2)使用 switch 语句实现的代码。

```
public static void main(String args[])
{
    int month;
    month=Integer.parseInt(args[0]);    //得到输入月份
    switch(month)
    {
        case 2:
            System.out.print(month+"月有 28 天");
            break;
        case 1:
        case 3:
        case 5:
        case 7:
        case 8:
        case 10:
        case 12:
            System.out.print(month+"月有 31 天");
            break;
        default:
            System.out.print(month+"月有 30 天");
            break;
    }
}
```

如果输入 4,程序运行结果如下。

4 月有 30 天

## 【知识拓展】

在本任务中,存在一个 2 月份闰年和非闰年天数不同的问题,要实现准确的天数确定,我们需要对给定年数判定是否闰年,判定公历闰年应遵循的一般规律为:四年一闰,百年不闰,四百年再闰。

【实例3-1-5】闰年的判定算法。

```java
public static void main(String args[])
    {
        int year=Integer.parseInt(args[0]);
        int m=year%100;
        if(m==0)
        {
            if((year%400)==0)
                System.out.print(year+"年是闰年,2月份有29天");
            else
                System.out.print(year+"年不是闰年,2月份有28天");
        }else
        {
            if((year%4)==0)
                System.out.print(year+"年是闰年,2月份有29天");
            else
                System.out.print(year+"年不是闰年,2月份有28天");
        }
    }
```

如果输入2012，程序运行结果如下。

2012年是闰月,2月份有29天

【巩固训练】

# 计算个人所得税

## 1. 实训目的

1）能较熟练地掌握上机步骤和程序开发的全过程。

2）基本掌握分支流程控制结构。

3）能熟练掌握 if、if-else、if-else if-else 条件结构。

4）基本理解 switch 分支结构。

## 2. 实训内容

编写计算个人所得税的程序。设某人月收入为 $x$ 元，假设个人所得税征收方法如下：

当 $x \leqslant 5000$ 时，不需要交税；

当 $5000 < x \leqslant 6500$ 时，应征税额为 $(x-5000) \times 3\%$；

当 $6500 < x \leq 9500$ 时,应征税额为 $(x-6500) \times 10\% + 1500 \times 3\%$;

当 $9500 < x \leq 14000$ 时,应征税额为 $(x-9500) \times 20\% + 3000 \times 10\% + 1500 \times 3\%$;

当 $14000 < x \leq 16500$ 时,应征税额为 $(x-14000) \times 25\% + 4500 \times 20\% + 3000 \times 10\% + 1500 \times 3\%$;

当 $x > 16500$ 时,应征税额为 $(x-16500) \times 30\% + 2500 \times 25\% + 4500 \times 20\% + 3000 \times 10\% + 1500 \times 3\%$。

# PROJECT 4 项目 4
## 猜数字游戏程序设计

### 学习目标

1. 掌握 while 循环结构的使用方法。
2. 掌握 do-while 循环结构的使用方法及其与 while 循环结构的区别。
3. 掌握 for 循环结构的使用方法。

# 任务 ▶ 根据等式猜数字

## 【任务描述】

猜数游戏：给出一个等式，如 x*4=20，其中 x 是未知数。编写一个程序实现求出 x 的数值，使它满足等式，并输出结果。要求：x 和乘数的取值范围都在 0~9，用 for 循环和 while 循环分别实现。其运行结果如图 4-1-1 所示。

图 4-1-1 根据等式猜数字运行结果

## 4.1 循环结构

### 1. while 循环

当事先不知道循环该执行多少次的时，就要用到 while 循环。while 循环的格式如下。

```
while(判断条件)
{
    语句 1；
    语句 2；
    ……
    语句 n；
}
```

当 while 循环主体有且只有一条语句时，可以将大括号除去。在 while 循环语句中只有一个判断条件，它可以是任何表达式，当判断条件的值为真，循环就会执行一次，再重复测试判断条件、执行循环主体，直到判断条件的值为假，才会跳离 while 循环。

下面列出了 while 循环执行的流程。

1）第一次进入 while 循环前，就必须先为循环控制变量（或表达式）赋初值。

2）根据判断条件的内容决定是否要继续执行循环：如果条件判断值为真（true），继续执行

循环结构

循环主体；条件判断值为假(false)，则跳出循环执行其他语句。

3) 执行完循环主体内的语句后，重新为循环控制变量(或表达式)赋值(增加或减少)。由于while循环不会自动更改循环控制变量(或表达式)的内容，所以在while循环中为循环控制变量赋值的工作要由设计者自己来做，完成后再回到步骤2)重新判断是否继续执行循环。

根据上述的程序流程，可以绘制出图4-1-2所示的while循环结构流程图。

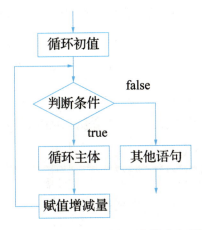

图4-1-2　while循环结构流程图

【实例4-1-1】使用while循环计算1累加至10。

```
public static void main(String args[])
    {
        int i=1,sum=0;
        while(i<=10)
        {
            sum+=i;//累加计算
            i++;
        }
        System.out.println("1+2+...+10="+sum);//输出结果
    }
```

程序运行结果如下。

```
1+2+…+10=55
```

## 2. do-while循环

do-while循环也是用于未知循环执行次数的时候。while循环及do-while循环的最大不同就是进入while循环前，while语句会先测试判断条件的真假，再决定是否执行循环主体，而do-while循环"先做再说"，每次都是先执行一次循环主体，然后测试判断条件的真假，所以无论循环成立的条件是什么，使用do-while循环时，至少执行一次循环主体。do-while循环的格式如下。

```
do
    {
        语句1;
```

```
        语句2;
        ……
        语句n;
    }while(判断条件);
```

当循环主体只有一条语句时，可以将左、右大括号去除。第一次进入 do-while 循环语句时，不管判断条件(它可以是任何表达式)是否符合执行循环的条件，都会直接执行循环主体。循环主体执行完毕，才开始测试判断条件的值，如果判断条件的值为真，则再次执行循环主体，如此重复测试判断条件、执行循环主体，直到判断条件的值为假，才会跳出 do-while 循环。下面列出了 do-while 循环执行的流程。

1)进入 do-while 循环前，要先为循环控制变量(或表达式)赋初值。

2)直接执行循环主体，循环主体执行完毕，才开始根据判断条件的内容决定是否继续执行循环：条件判断值为真时，继续执行循环主体；条件判断值为假时，跳出循环，执行其他语句。

3)执行完循环主体内的语句后，重新为循环控制变量(或表达式)赋值(增加或减少)。由于 do-while 循环和 while 循环一样，不会自动更改循环控制变量(或表达式)的内容，所以在 do-while 循环中赋值循环控制变量的工作要由自己来做，再回到步骤2)重新判断是否继续执行循环。

根据上述的描述，可以绘制出图4-1-3所示的 do-while 循环结构流程图。

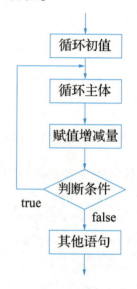

图 4-1-3 do-while 循环结构流程图

【实例4-1-2】用 do-while 循环设计一个从1累加至 $n$ 的程序( $n$ 为大于0的整数)。

```java
public static void main(String args[])
{
    int i=1,sum=0;
    Scanner scanner=new Scanner(System.in);    //接收键盘输入
    int n=scanner.nextInt();                    //键盘输入的数值赋值给 n
    //do-while 是先执行一次,再进行判断,即循环体至少会被执行一次
    do{
        sum +=i;                                //累加计算
        i++;
    }while(i<=n);
    System.out.println("1+2 +...+"+ n+ "="+sum);//输出结果
}
```

程序运行结果如下。

```
16
1+2+...+16=136
```

注意：无论 do-while 循环结构中的循环条件是否成立，都会执行一次循环操作。这是其与 while 循环的最大区别。while 循环是先判断，后执行；do-while 循环是先执行，后判断。

### 3. for 循环语句

当很明确地知道循环要执行的次数时，就可以使用 for 循环，其语句格式如下。

```
for(赋值初值;判断条件;赋值增减量)
{
    语句1;
    ……
    语句n;
}
```

若是在循环主体中要处理的语句只有 1 条，可以将大括号去除。下面列出了 for 循环的流程。

1) 第一次进入 for 循环时，为循环控制变量赋初值。

2) 根据判断条件的内容检查是否要继续执行循环：当判断条件值为真时，继续执行循环主体内的语句；当判断条件值为假时，则会跳出循环，执行其他语句。

3) 执行完循环主体内的语句后，循环控制变量会根据增减量的要求，更改循环控制变量的值，再回到步骤2)重新判断是否继续执行循环。

根据上述描述，可以绘制出如图 4-1-4 所示的 for 循环结构流程图。

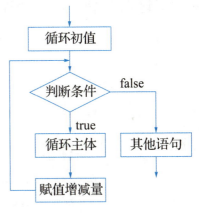

图 4-1-4　for 循环结构流程图

【实例 4-1-3】利用 for 循环来完成由 1 至 10 的数的累加运算。

```
public static void main(String args[])
{
    int i, sum=0;
    //for循环的使用,用来计算数字累加之和
    for(i=1;i<=10;i++)
    sum +=i;//计算 sum=sum+i
    System.out.println("1+2 +...+ 10 ="+sum);
}
```

程序运行结果如下。

```
1+2+...+10=55
```

#### 4. break 语句

break 语句可以强迫程序跳离循环。当程序执行到 break 语句时,即会离开循环,继续执行循环外的下一条语句。如果 break 语句出现在嵌套循环中的内层循环,则 break 语句只会跳离当前层的循环。以 for 循环为例(图 4-1-5),当循环主体中有 break 语句时,当程序执行到 break,即会离开循环主体,而继续执行循环外层的语句。

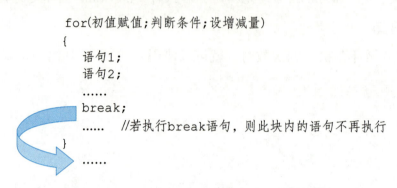

图 4-1-5　for 循环中使用 break 语句示意图

【实例 4-1-4】利用 for 循环输出循环变量 i 的值,当 i 除以 3 所取的余数为 0 时,即使用 break 语句的跳离循环,并于程序结束前输出循环变量 i 的最终值。

```java
public static void main(String args[])
{
    int i;
    for(i=1;i<=10;i++)
    {
        if(i%3==0)
        break;//跳出整个循环体
        System.out.println("i="+i);
    }
    System.out.println("循环中断:i="+i);
}
```

程序运行结果如下。

```
i=1
i=2
循环中断:i=3。
```

当 i%3 为 0 时,符合 if 的条件判断,即执行 break 语句,跳离整个 for 循环。此例中,当 i 的值为 3 时,3%3 的结果为 0,符合 if 的条件判断,离开 for 循环,输出循环结束时循环控制变量 i 的值 3。

#### 5. continue 语句

continue 语句可以强迫程序跳到循环的起始处,当程序运行到 continue 语句时,即会停止运行剩余的循环主体，而回到循环的开始处继续运行。以图 4-1-6 所示的 for 循环为例，在循环主体中有 continue 语句，当程序执行到 continue，即会回到循环的起点，继续执行循环主体的部分语句。

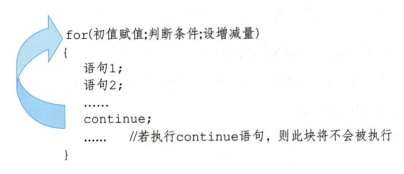

图 4-1-6　for 循环中使用 continue 语句

【实例 4-1-5】将例 4-1-4 中的 break 改为 continue，查看程序执行效果。

```java
public static void main(String args[])
{
    int i;
    for(i=1;i<=10;i++)
    {
        if(i%3==0)
        continue;//跳出一次循环
        System.out.println("i="+i);
    }
    System.out.println("循环中断:i="+i);
}
```

程序运行结果如下。

```
i=1
i=2
i=4
i=5
i=7
i=8
i=10
```

循环中断：i=11。

当判断条件成立时，break 语句与 continue 语句会有不同的执行方式。break 语句不管情况如何，先离开循环再说；而 continue 语句不再执行此次循环的剩余语句，直接回到循环的起始处。

## 4.2 实践操作：猜数字游戏的程序设计

### 1. 实现思路

1）从命令行参数获取第二个乘数和乘法结果。

2）通过 for 循环遍历 0~9 之间的整数，查找能使等式成立的数字，如果找到则用 break 跳出循环，否则直到 for 循环执行完。

3）输出是否查找到符合要求的数字，以及数字的具体值。

### 2. 程序代码

1）使用 for 循环语句实现的代码。

```java
public static void main(String[]args){
    int num1=0;
    int num2=Integer.parseInt(args[0]);
    int result=Integer.parseInt(args[1]);
    int i;
    for(i=0;i<10;i++)
    {
        if(i* num2==result)
        {
            num1=i;
            break;
        }
        if(i<10)
        {
            System.out.println("数字"+num1 +"可以使下面的等式成立:");
            System.out.println("x* "+num2+"="+result);
        }
        else
            System.out.println("没有符合要求的数字");
    }
```

2）使用 while 循环语句实现的代码。

```java
public static void main(String[]args){
    int num1=0;
    int num2=Integer.parseInt(args[0]);
    int result=Integer.parseInt(args[1]);
    int i=0;
    while(i<10)
```

```
        {
            if(i* num2==result)
            {
                num1=i;
                break;
            }
            i++;
        }
        if(i<10){
            System.out.println("数字"+num1 +"可以使下面的等式成立:");
            System.out.println("x* "+num2+"="+result);
        }
        else
            System.out.println("没有符合要求的数字");
}
```

## 【知识拓展】

继续拓展猜数字构建等式游戏的程序设计，如果加大游戏难度，两个乘数都为未知数，如 x*y=200，通过循环找到所有符合等式的数字，并输出所有符合要求的等式。要求：x 和 y 的取值范围是 10~100。显然，单重循环已经不能解决这个问题了，必须使用双重循环，双重 for 循环的格式如下。

```
for(…;…;…)
{
    ……    //语句
    for(…;…;…)
    {
        ……//语句
    }
    ……    //语句
}
```

【实例 4-1-6】猜两个乘数的程序设计。

```
public static void main(String[]args){
    int result=Integer.parseInt(args[0]);
    int count=0;
    System.out.println("可以使的等式:x*y="+result+"成立的有:");
    for(int num1=10;num1<100;num1++)           //第一层循环
    {
```

```
            for(int num2=10;num2 < 100;num2++)        //第二层循环
            {
                if((num1* num2)==result)              //能使等式成立
                {
                    System.out.println(num1+"* "+num2+"="+result);
                    count++;                          //记录符合要求的表达式的数目
                }
            }
        }
        System.out.println("共有"+ count+"个等式符合要求");
}
```

参数输入 150，程序运行结果如下。

可以使得等式 x * y = 150 成立的有：

```
10* 15=150
15* 10=150
共有两个等式符合要求
```

【巩固训练】

## 计算增长时间问题

### 1. 实训目的

1）熟练掌握上机步骤和程序开发的全过程。

2）掌握循环流程控制结构的 while 循环结构。

3）掌握循环流程控制结构的 do-while 循环结构。

4）掌握循环流程控制结构的 for 循环结构。

### 2. 实训内容

仿照本任务，实现如下编程：2020 年培养学员 8 万人，每年增长 25%，请问按此增长速度，到哪一年培训学员人数将达到 20 万人。

# PROJECT 5 项目 ⑤

## 描述一个"类"

### 学习目标

1. 理解类和对象的概念及两者之间的关系。
2. 掌握类的结构和定义过程。
3. 掌握对象的创建过程。
4. 掌握类的方法的定义和使用。
5. 掌握构造方法的定义和意义。
6. 理解方法重载的思想。
7. 掌握方法重载的实现方式和特征。
8. 能够分辨出变量作用域的范围并正确使用变量。
9. 理解类的封装的意义。
10. 掌握类的封装的实现步骤。
11. 掌握各种访问修饰符的被访问范围。
12. 能够准确使用访问修饰符控制对象使用。

## 任务 1　创建有关人的"类"

### 【任务描述】

人是这个社会的主体,在系统开发过程中经常涉及人。人的信息包括姓名、年龄、性别、体重、家庭地址等。要求使用 Java 语言对"人类"进行描述并进行实例化。其运行结果如图 5-1-1 所示。

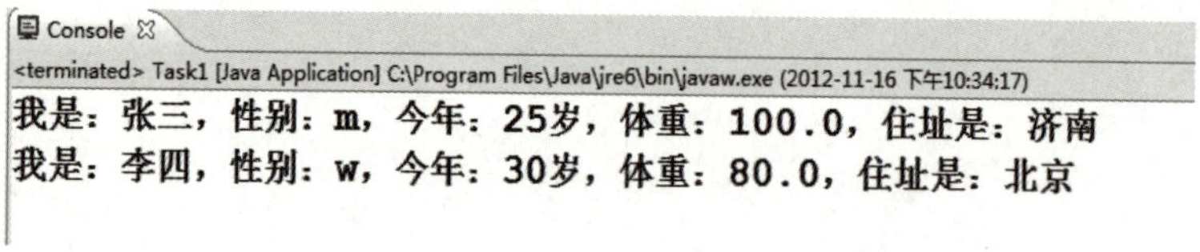

图 5-1-1　创建有关人的"类"运行结果

## 5.1　类与对象的概念与关系

### 1. 对象的概念

对象(Object)是现实世界中实际存在的某个具体实体。一般对象是有形的,如电视机对象拥有自己的样式、颜色、大小等特征和放映、开关、设置等功能(行为);也可以是无形的,如五子棋的输赢规则。对象包含特征和行为,特征指对象的外观、性质、属性等,行为指对象具有的功能、动作等。而面向对象技术中的对象就是这些实际存在的实体在程序实现中的映射和体现。

### 2. 类的基本概念

人类在认识客观世界时习惯于把众多的事物进行归纳、划分和分类。把具有相同特征及相同行为的一组对象称为一类对象(Class of Object),同时分类原则是抽象,那么面向对象技术中类是同种对象的集合与抽象。例如,家用轿车、公交车、货车等都属于汽车的范畴,并且通过比较总结等抽象思维方式可以发现不同的车之间存在着共同特点。因此,为了能够方便地了解和描述这些实际存在的实体,在面向对象技术中定义了"类"这个概念来对所有对象提供统一的抽象描述,其内部包括属性和方法两个主要部分。在面向对象的编程语言中,类是一个独立的程序单位。

### 3. 类与对象的关系

类表示一个有共同性质的对象群体,而对象指的是具体的实实在在的物体。类与对象的关系就如模具和铸件的关系，类是创建对象的模具，而对象是由类这个模板制作出来的铸件；同时类又是由一组具有共同特性的对象抽象得到的。对象与类的关系如图 5-1-2 所示。

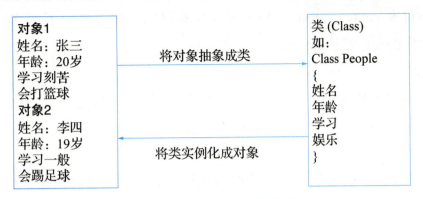

图 5-1-2　对象与类的关系

**注意**：认识类与对象的关系是面向对象程序设计思想的第一步。类是由对象抽象出来的，对象是由类实例化得到的，很多学员会产生疑问：到底是先有类还是先有对象？

其实这个问题就像鸡和蛋的关系一样并没有最正确的答案，关键是看你自己理解类和对象关系时哪一种更能说服自己。经验是先有类后有对象，定义类的最终目的是要使用这些类，而使用类的最主要方式就是创建并操作类创建出来的对象。

## 5.2　类的定义

Java 是一种面向对象的程序设计语言，任何一个 Java 程序都是以类的形式存在的，设计程序的过程首先就是从现实问题中找出可实现的类，并用 Java 语句进行定义。类是一个独立的单位，它有一个类名，其内部包括成员变量，用于描述属性；还包括类的成员方法，用于描述行为。因此，类也被认为是一种抽象数据类型，这种数据类型不仅包括数据，还包括方法。

### 1. 类的格式

类是通过关键字 class 来定义的，在 class 后面加上类的名称，这样就创建了一个类。在类里面可以定义类的成员变量和方法。类的定义格式如下。

```
[修饰符]　class　类名 {
    //定义属性部分
    成员变量1;
    ……
    成员变量n;
    //定义方法部分
    方法1;
    ……
    方法n;
}
```

注解：

(1) 修饰符

常用的修饰符有 public、abstract 和 final，这些修饰符将在本项目任务 3 中介绍。包含 main() 方法的主类必须定义为 public。

(2) class 关键字

class 为 Java 定义类的关键字，必须写在修饰符和类名中间，使用空格隔开，并且不能改变任何一个字符的大小写，如 Class 是错误的。

(3) 类名

类的名称要符合 Java 的命名规范，同时名称要有意义，能够反映这个类的内容，第一个字母一般为大写。

【实例 5-1-1】用 Java 类的定义描述汽车。

```
public class Car {
    String color;              //颜色
    int count;                 //容纳人数
    String bound;              //汽车品牌
    float weight;              //重量
}
```

**注意**：如果你有 C++ 编程经验，请注意，类的声明和方法的实现要存储在同一个地方并且类不能被单独定义。由于所有类的定义必须全部定义在一个单个的源文件中，这有时会生成很大的 .java 文件。在 Java 中设计这个特征是因为从长远来说，在一个地方指明、定义及实现将使代码更易于维护。

### 2. 类的成员变量和方法

类的成员变量是用来描述属性信息的，因此大部分成员变量是以名词的形式出现，如姓名、颜色、大小等。类的成员变量一般是简单的数据类型，也可以是对象、数组等复杂数据类型。

```
[修饰符]  数据类型  成员变量名  [=初值];
```

例如：

```
public  String  name="Jack";int  age=10;
```

成员变量的修饰符包括 public、private、protected、static 和 final，通过这些修饰符来保证成员变量的被访问范围及创建的过程。例如：public 表示该成员变量可以被自己和其他类访问；而 static 表示为静态变量，创建过程不需要实例化对象。

类的方法又称成员方法（函数），用来描述动作、行为和功能，因此大部分方法以动词形式出现，如吃、学习、启动等。方法包括方法名、方法返回值、方法参数 3 个要素，以及修饰符和一段用来完成某项动作或功能的方法体。

## 5.3 创建对象

### 1. 创建对象的格式

类是对象的模板,对象是由类实例化得到的,这是创建对象的依据。类也是数据类型,可以使用这种类型来创建该类型的对象,Java 提供的创建对象关键词为 new。格式如下。

```
类名  对象名=new  类名([参数1,参数2…]);
```

例如,实例 5-1-1 中已创建 Car 类,下面定义由类产生对象的语句。

```
Car truck;                //声明一个 Car 类的对象 truck
truck=new Car();          //是用 new 关键字实例化 Car 对象并赋值给 truck
```

由上面例子得出,创建属于某类的对象,可以通过两个步骤来实现:

1)声明该类类型的一个变量,实际上它只是一个能够引用对象的简单变量。

2)利用 new 创建对象,并指派给先前所创建的变量,即在内存中划分一块区域存放创建出来的对象,并把该内存空间指向对象的引用。

当然,也可以把声明和实例化的过程通过一条语句完成,这种形式如下。

```
Car  truck=new  Car();
```

对象实例化过程在内存中的存在形式如图 5-1-3 所示。

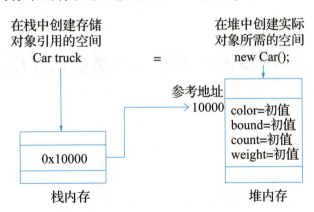

图 5-1-3  对象实例化过程在内存中的存在形式

### 2. 对象的使用

创建类的对象目的是能够使用在这个类中已经定义好的成员变量和成员方法。通过使用运算符".",对象可以实现对自己变量的访问及对自己方法的调用。

对象访问格式如下。

```
变量访问:对象名.成员变量名;
方法访问:对象名.成员方法名([参数1,参数2…]);
```

例如：创建 2 个【实例 5-1-1】中的 Car 对象，对象名分别为 truck、bus，然后对这两个对象进行属性赋值。

```
Car truck=new Car();
truck.color="黑色";truck.count=3;
truck.bound="黄河";truck.weight=12.5f;
Car bus=new Car();
bus.color="红色";bus.count=50;
bus.bound="宇通";bus.weight=8.5f;
```

truck 与 bus 各自占有一块内存空间（图 5-1-4），有自己的属性值，所以 truck、bus 不会互相影响。也就是说，由一个类实例化出的对象相互间没有直接的关系，各自都有着独立的存储空间，修改自己的属性是不会影响到其他对象的。

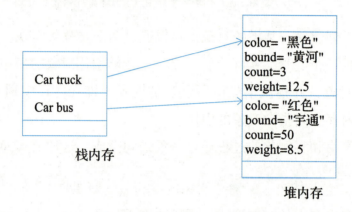

图 5-1-4　由 Car 类实例化得到的 truck 和 bus 对象内存分配图

## 5.4　实践操作：描述"人"类信息程序设计

### 1. 实现思路

1）打开 Eclipse，创建 Person 类。

2）在类大括号内进行属性定义。

3）利用创建的 Person 对象，使用"对象名.属性名"形式进行赋值，并输出对象的各个属性值。

### 2. 程序代码

```
package com.soft.ght;                       //包名
public class Person {
    //省略属性声明
    public static void main(String[]args){
        Person p1=new Person();             //声明并实例化一 Person 对象 p1
        Person p2=new Person();             //声明并实例化一 Person 对象 p2
```

```
        //给 p1 的属性赋值
        p1.name="张三";
        p1.age=25;
        p1.address="济南";
        p1.sex='m';
        p1.weight=100;
        //给 p2 的属性赋值
        p2.name="李四";
        p2.age=30;
        p2.address="北京";
        p2.sex='w';
        p2.weight=80;
        //省略输出语句
    }
}
```

## 【知识拓展】

任务中对类 Person 的测试是在类中的 main() 方法中进行的。但在实际的项目中每一个有代表含义的类都是要单独存在的，而测试使用的 main() 方法也应当放在一个单独的类中，对实践操作进行拓展，要求新建一个 PersonTest 测试类，对 Person 类进行测试。每个类单独为一个源代码文件。

```
package com.soft.ght;//包名
public class Person {
    //省略属性声明
}
public class PersonTest {
    public static void main(String[]args)
    { //声明并实例化一 Person 对象 p1
      Person p1=new Person();
      //声明并实例化一 Person 对象 p2
      Person p2=new Person();
      //省略给 p1 的属性赋值
      //省略给 p2 的属性赋值
      //省略输出语句
    }
}
```

程序运行结果如下：

我是:张三,性别:m,今年:25 岁,体重:100.0,住址是:济南
我是:李四,性别:w,今年:30 岁,体重:80.0,住址是:北京

【巩固训练】

## 编写一个手机类

### 1. 实训目的
1）掌握类的定义。
2）掌握创建类对象的方法。
3）掌握使用对象的步骤。

### 2. 实训内容
编写一个手机类，其属性包括手机品牌、手机型号，方法包括显示手机信息，并编写测试类进行对象创建。

## 任务 2　借书卡程序实现

### 【任务描述】

借书卡是学生生活重要的组成部分。每张借书卡信息包含账号、持卡人姓名、身份证号码、地址、已借书数、可借书数、本次借书数、本次还书数。方法有借书、还书和查询。要求根据持卡人操作不同，显示不同信息。在借书操作后，显示本次借书数及已借书数；在还书操作后，显示本次还书数和已借书数。其运行结果如图 5-2-1 所示。

图 5-2-1　借书卡程序实现运行结果

## 5.5 类的方法

### 1. 定义类的方法

类中的方法又称成员方法或成员函数,用来描述类所具有的功能和操作,是一段完成某种功能或操作的代码段。方法的定义格式如下。

```
[访问修饰符]<修饰符>返回值类型 方法名称([参数列表]){方法体}
```

注解:

(1)返回值类型

返回值类型表示方法返回值的类型。如果方法不返回任何值,则必须声明为 void(空)。对于不返回 void 类型的方法必须使用 return 语句。方法返回值类型必须与 return 语句后面的表达式数据类型一样。例如,方法中含有语句"return "Java";",那么方法的返回值类型必须是 String 类型。

(2)方法名称

方法名称可以是任何 Java 合法标识符,一般要求方法名称有意义,并且首字母小写。例如,定义一个获得姓名的方法名,可以写作 getName()。

(3)参数列表

参数是方法接收调用者信息的唯一途径,Java 允许将参数值传递到方法中。多个参数用逗号分开,每一个参数都要包含数据类型和参数名。方法中的参数一般称为形式参数(简称形参),而由调用者传入的参数称为实际参数(简称实参)。

注意:

1)形参和实参的类型必须要一致,或者要符合隐含转换规则。

2)若形参类型不是引用类型,在调用该方法时,是按值传递的。在该方法运行时,形参和实参是不同的变量,它们在内存中位于不同的位置,形参将实参的值复制一份,在该方法运行结束的时候形参被释放,而实参内容不会改变。

3)若形参类型是引用类型,在调用该方法时,是按引用传递的。运行时,传给方法的是实参的地址,在方法体内部使用的也是实参的地址,即使用的就是实参本身对应的内存空间。所以在函数体内部可以改变实参的值。

【实例 5-2-1】定义一个加法方法,方法的功能是将两个输入的整数操作数相加的结果作为方法的返回值。

```
public int addOperate(int op1,int op2){     //声明方法,返回值为 int 型
    return op1+op2;                          //return 后面的表达式结果是 int 类型
}
```

### 2. 使用类的方法

方法定义的目的是让其他类进行调用,使之发挥方法执行的功能。方法的使用必须先创

建对象，然后使用"."操作符实现对其方法的调用，方法中的局部变量被分配内存空间，方法执行完毕，局部变量即刻释放内存。使用方法的格式如下。

> [数据类型 接收变量名=]对象名.方法名([实参1,实参2,…]);

如果两个方法在同一类中，可以直接使用该方法名称进行调用。使用static修饰的静态方法有点特殊，静态方法的调用无须定义对象，可以通过类名直接使用。格式如下。

> [数据类型 接收变量名=]类名.方法名([实参1,实参2,…]);

【实例5-2-2】计算立方体的体积程序设计。

```java
public class Box {
    public int calVolume1(int width,int height,int depth){       //声明方法
        return(width* height* depth);
    }
    public static int calVolume2(int width,int height,int depth){ //声明方法
        return(width* height* depth);
    }
}
public class Main {
    public static void main(String[] args){
        Box b1=new Box();
        int volume=b1.calVolume1(10,20,50);                       //使用对象.方法名调用
        int volume1=Box.calVolume2(10,20,50);                     //使用类名.方法名调用
    }
}
```

语句"int volume=b1. calVolume1(10,20,50);"表示由对象b1调用方法calVolume1并传入10,20,50这3个实际参数。

注意：方法调用的目的是执行方法的功能，若方法执行完毕并有返回值，那么这个返回值是相当重要的，但是方法执行完毕后并不会自动保存返回值，因此我们需要使用一个变量来存储方法的返回值。变量的数据类型与方法的返回值类型一样。

## 5.6 构造方法

每次创建实例变量，对类中的所有变量都要初始化是很乏味的。如果在一个对象最初被创建时就把对它的设置做好，这样程序将更简单、更明了。Java允许对象在创建时进行初始化，初始化的实现是靠构造函数来完成的。

创建类的对象时，使用new关键字和一个与类名相同的方法来完成，这个方法是在实例化过程中被调用的，称为构造方法。构造方法区别于普通的方法，有以下几个明显的特点。

1)构造方法的名称必须与它所在的类的名称完全相同。

2)构造方法不返回任何数据类型,也不需要使用 void 声明。

3)构造方法的作用是创建对象并初始化成员变量。

4)在创建对象时,系统会自动调用类的构造方法。

5)构造方法一般用 public 来声明,这样才能在程序任意位置创建对象。

6)每个类至少有一个构造方法。如果不写构造方法,Java 将提供一个默认的不带参数的方法体为空的构造方法。

构造方法定义格式如下。

```
[访问权限]类名称([参数1,参数2,…]){
    //程序语句
    //构造方法没有返回值
}
```

**注意**:如果类中显性地定义了构造方法,那么系统不再提供默认的不带参数的方法体为空的构造方法。如果对一个已完成的程序进行扩展,因某种需要而添加了一个类的构造方法,由于很多其他类原先使用默认构造方法,这势必会导致找不到构造方法的错误。解决的方法就是把默认的构造方法显性地写出来。

在构造方法定义完毕后就可以通过创建对象来对属性进行初始化操作。一般情况下,需要结合 new 实例化操作,使用传递实参的形式进行。

【实例5-2-3】使用构造方法对 Person 类的两个属性进行初始化,并输出各个对象的属性值。

```
public class Person
{
    String name;
    int age;
    public Person(){                              //默认的构造方法需要显性地写出来
    }
    public Person(String myName,int myAge){       //带参的构造方法来初始化属性
        name=myName;
        age=myAge;
    }
}
public class TestNewPerson {
    public static void main(String[] args){
        //通过new操作并传入实参来实现属性的初始化和对象的实例化
        Person p1=new Person("张三",20);
        Person p2=new Person("李四",30);
        System.out.println("我是:"+p1.name+",今年:"+p1.age+"岁");
```

```
            System.out.println("我是:"+p2.name+",今年:"+p2.age+"岁");
    }
}
```

程序运行结果如下。

```
我是:张三,今年:20 岁
我是:李四,今年:30 岁
```

## 5.7 方法重载

方法重载是指多个方法享有相同的名称,但是这些方法的参数必须不同,如参数个数不同、参数类型不同、参数顺序不同等。当一个重载方法被调用时,Java 根据参数的类型和(或)数量来表明实际调用的重载方法。

参数不同是区分重载方法的关键因素,参数不同主要包括以下方面。

1)参数类型不同。例如:

```
public void method(String s);
public void method(int s);
```

2)参数个数不同。例如:

```
public void method(String s,int i);
public void method(String s);
```

3)参数顺序不同。例如:

```
public void method(String s,int i);
public void method(int i,String s);
```

**注意**:参数顺序不同的情况中指的是参数全体,而不是简单的参数名,参数名在参数中其实没有实际意义,只是一个代号。例如:

```
public void method(String s,int i);
public void method(String i,int s);
```

上面的例子是不属于顺序不同的,因为只是互换了参数的名称,参数的类型并没有互换。

【实例 5-2-4】求圆形的面积,要求用户输入任何类型的数据后都要能得到最终的面积值。

```
public class MethodOverloading {
    final float PI=3.14;
    double calArea(double r){
        return PI* r* r;
    }
```

```java
    float calArea(float r){
        return PI* r* r;
    }
    float calArea(int r){
        return PI* r* r;
    }
    folat calArea(String r){
        float i=Float.parseFloat(r);
        return PI* i* i;
    }
}
public classMain {
    public static void main(String args[]){
        MethodOverloading mo=new MethodOverloading();
        System.out.println("面积是:"+mo.calArea(10));     //调用参数为 int 的方法
        System.out.println("面积是:"+mo.calArea(9.5));    //调用参数为 double 的方法
        System.out.println("面积是:"+mo.calArea(8.5f));   //调用参数为 float 的方法
        System.out.println("面积是:"+mo.calArea("10"));
    }
}
```

可以发现，方法重载的主要目的是满足在不同输入的情况下依然可以进行相同或相似的处理的需要。使用方法重载在编程上有些麻烦，但是在使用性和灵活性上得到了加强。因为实现了 Java 在编译时的方法的多种状态，所以有时又称静态多态。

在 Java 中，不仅普通方法可以重载，构造方法也可以重载。构造方法的重载是为了让实例化对象和初始化变量更为方便。

【实例 5-2-5】利用构造函数重载创建对不同变量初始化的对象。

```java
public class Rectangle {
    double width;
    double length;
    Rectangle(){                              //直接初始化为数值
        width=1;
        length=5;
    }
    Rectangle(double x){                      //把两个变量初始化为相同传入值
        width=x;
        length=x;
    }
    Rectangle(double w,double len){           //分别对两个属性初始化不同的值
        width=w;
```

```
            length=len;
        }
        public void prnt(){
            //省略方法体
        }
    }
    public class ConstructOverLoad {
        public static void main(String args[]){
            Rectangle Rectangle1=new Rectangle(10,20);
            Rectangle Rectangle2=new Rectangle();
            Rectangle Rectangle3=new Rectangle(7);
            //省略其他语句
        }
    }
```

在实例中有 3 个 Rectangle() 构造函数，当 new 执行时根据指定的参数多少调用适当的构造函数。

## 5.8  变量的作用域

变量声明的位置决定变量作用域。Java 变量的范围有 4 个级别：类级、对象实例级、方法级、块级。

1）类级：类级变量又称全局级变量，在对象产生之前就已经存在，即用 static 修饰的属性。

2）对象实例级：对象实例级变量就是属性变量。

3）方法级：方法级变量就是在方法内部定义的变量，就是局部变量。

4）块级：块级变量就是定义在一个块内部的变量，变量的生存周期就是这个块，出了这个块就消失了，如 if、for 语句的块。

【实例 5-2-6】变量作用域演示程序设计。

```
public class TestVariable {
    private static String name="类级";           //类级
    private int i;                               //对象实例级
    {//属性块,在类初始化属性时候运行
        int j=3;                                 //块级
    }
    public void test1(){
        int j=4;                                 //方法级
        if(j==4){
            int k=5;                             //块级
        }
```

```
        //这里不能访问块级的变量,块级变量只能在块内部访问
        System.out.println("name="+name+",i="+i+",j="+j);
    }
    public static void main(String[]args){
        TestVariable t=new TestVariable();
        t.test1();
        TestVariable t2=new TestVariable();
    }
}
```

程序运行结果如下。

```
name=类别,i=0,j=4
```

若局部变量与类的成员变量同名,则类的成员变量被隐藏。下面的例子说明了局部变量 z 和类成员变量 z 的作用域是不同的。

【实例 5-2-7】同名变量作用域测试程序设计。

```
public class Variable {
    int x=0, y=0, z=0;           //类的成员变量
    void init(int x, int y){
        this.x=x;
        this.y=y;
        int z=3;                 //局部变量
        System.out.println("* *  in init* * "+"x="+x+" y="+y+" z="+z);
    }
}
public class VariableTest {
    public static void main(String args[]){
        Variable v=new Variable();
        System.out.println("* * * before init* * "+"x="+v.x+"y="+v.y+"z="+ v.z);
        v.init(10, 15);
        System.out.println("* * after init* * "+"x="+v.x+" y="+v.y+"z="+ v.z);
    }
}
```

运行程序结果如下。

```
* * before init* * x=0 y=0 z=0
* * in init* * x=10 y=15 z=3
* * after init* * x=10 y=15 z=0
```

## 5.9 定义包和导入包的关键字

Java 中为了便于管理各种类，将多个具有类似功能的类方法组成一个组，这个组就称为包（package）。包的出现同时解决了命名冲突、引用不方便、安全性等问题。程序员在协同编写程序时很多时候完全不知道别人使用的类名，如果使用了相同的类名则会产生冲突，若使用包的机制，不同包中的两个同名文件就不会冲突。这就类似于不同文件夹下允许建立相同名称的文件。

### 1. 定义包

Java 通过关键字 package 来定义包。package 语句作为 Java 源文件的第一条语句，指明该源文件定义的类所在的包。格式如下。

```
package 包名
```

注解：

1) 包名的命名规范是若干个标识符加"."分隔而成。例如：

```
packagecom.cn.can;
```

2) Sun 公司建议使用公司域名倒写来定义包，然后加入子包。例如：某公司的域名为 ican.com，那么包名为 com.ican。

### 2. 使用包

如果几个类分别属于不同的包，为了能够使用某一个包的成员，需要在 Java 程序中使用 import 关键字导入该包。格式如下。

```
import package1[.package2.(classname|*)];
```

注解：

1) Java 源文件中 import 语句应位于 package 语句之后，所有类的定义之前。
2) "*"操作符表示导入包中所有的类。
3) 使用 Eclipse 等开发工具编程时，工具会及时提示需要导入的包。
4) 导入的包可以是 Java 类库中的包或类，也可以是自定义的包和类。

**注意**：为了方便很多时候会使用"*"来导入整个包，这样会增加编译时间——特别是在引入多个大包时。因此，明确命名想要用到的类而不是引入整个包是一个好的方法。然而，使用"*"导入对运行时间性能和类的大小绝对没有影响。

## 5.10 实践操作：图书借阅卡程序

**1. 实现思路**

Java 中的方法描述了类的行为。本任务中的行为有借书、还书和查询。在 BookCard 类分别定义了 3 种方法：borrow(int)、TheReturn(int)、query()。

1) 打开 Eclipse，创建 BookCard 类。
2) 在类大括号内进行属性定义。
3) 在类的大括号内定义 3 种方法，表示借书、还书和查询。
4) 在 BookCard 类的 main() 方法中，创建一个 BookCard 类的对象。
5) 利用创建的 BookCard 类的对象，用"对象名.方法"的形式调用方法，完成具体的功能。
6) 运行程序。

**2. 程序代码**

```java
package com.ght.soft;
public class BookCard {
    //省略属性赋值,属性有账号、持卡人姓名、已借书数、可借书数
    public void borrow(int cash){
        if(Remain>=cash){
            Remain=Remain-cash;
            //省略输出语句
        }
    }
    public BookCard(){
    }
    public BookCard(String cardnum, String name, String idname, int borrowsnum,
        int returnnum, int remain){
        //省略属性赋值语句
    }
    public void TheReturn(int cash){
        Remain=Remain+cash;
        //省略输出语句
    }
    public void query(){
        System.out.println("可借书数"+Remain);
    }
}
public class Task02 {
```

```java
    public static void main(String[]args){        //程序的入口
        BookCard wang=new BookCard();              //创建类的对象
        //省略属性赋值语句
        wang.query();
    }
}
```

## 【知识拓展】

　　一般方法是需要有返回值的，并且调用方法后都需要使用返回值进行下一步执行，即使一些方法没有明显的返回也可以使用Boolean类型作为返回值来说明方法执行完毕与否。下面对任务进行扩展，让borrow(int)、TheReturn(int)方法都具有返回值，现在改为正确借书、还书后，返回true，否则返回false。

```java
public class Bookcard2 {
    //省略属性赋值
    public boolean borrow(int cash){
        if(Remain >=cash){
            Remain=Remain-cash;
            System.out.println("本次借阅书数"+cash);
            System.out.println("可借书数"+Remain);
            return true;
        }
        return false;
    }
    public boolean TheReturn(int cash){
        if(cash > 0){
            Remain=Remain+cash;
            return true;
        }
        System.out.println("本次还书数"+cash);
        System.out.println("可借书数"+Remain);
        return false;
    }
    public void query(){
        System.out.println("可借书数"+Remain);
    }
    public static void main(String[]args){        //程序的入口
```

```
BookCard wang=new BookCard();           //创建类的对象
//省略属性赋值语句
if(wang.borrow(1)){
    wang.query();
}
if(wang.TheReturn(1)){
    wang.query();
}
}
```

【巩固训练】

## 电表显示程序

### 1. 实训目的

1）掌握类的方法的定义和使用。

2）掌握包的定义和导入。

3）掌握变量作用域。

4）掌握注释使用方法。

### 2. 实训内容

编写一个程序，实现设置上月电表读数、设置本月电表读数、显示上月电表读数、显示本月电表读数、计算本月用电数、显示本月用电数、计算本月用电费用、显示本月用电费用的功能。

# 任务3 实现 Java 程序中类的组织

【任务描述】

在现实中，人的年龄和体重都不能小于0，如果忘记给名称赋值就会成为无名氏。为避免此类问题，要求使用封装完成对属性的控制，当年龄错误时提示出错。运行结果如图 5-3-1 所示。

图 5-3-1  实现 Java 程序中类的组织运行结果

## 5.11 封装

### 1. 封装的概念

封装是 Java 面向对象的一种特性，也是一种信息隐蔽技术。它有两层含义：一层含义指把对象的属性和行为看成一个密不可分的整体，将这两者"封装"在一个不可分割的独立单位（即对象）中；另一层含义指"信息隐蔽"，把不需要让外界知道的信息隐藏起来，有些对象的属性及行为允许外界用户知道或使用，但不允许更改，而另一些属性或行为不允许外界知晓；或只允许使用对象的功能，而尽可能隐蔽对象的功能实现细节。

### 2. 封装的实现

Java 中的封装不是为了做一个完全不能对外开放的类，这种类也没有任何存在意义。封装只是为了对类中的属性更好地进行控制。要实现封装需要属性私有化，这样可以保证属性不会被其他类改动。然后使用公有方法把私有的属性暴露出去，在方法中对属性进行有效读写控制，这些方法被称为访问器。封装的实现需要提供 3 项内容：

1) 一个私有的属性（变量），使用 private 来声明私有变量。例如：

```
private String name;
```

2) 一个公有的读操作访问器，使用 getXxx() 方法来完成。例如：

```
public String getName(){   //方法体   }
```

3) 一个公有的写操作访问器，使用 setXxx() 方法来完成。例如：

```
public void setName(String name){   //方法体   }
```

【实例 5-3-1】使用封装技术模拟对学生借书的过程，要求学生最多只能借 10 本书。学生类中只有一个整数型变量 count，为书的数量，对 count 设置时不能大于 10，获得 count 值时不能获得一个负数。

```
public class Student {
    private int count;
    public void setCount(int myCount){
        if(myCount<0 && myCount>10)
            System.out.println("获取错误");
        else
```

```
            count=myCount;
        }
        public int getCount(){
            if(count<=0){
                System.out.println("获取错误");
                return 0;
            }else{
                return count;
            }
        }
    }
    public class TestStudent {
        public static void main(String args[]){
            Student s=new Student();
            s.setCount(11);
            s.setCount(5);
            int count=s.getCount();
            System.out.println("Count 的值是:"+count);
          s.setCount(0);
            count=s.getCount();
            System.out.println("Count 的值是:"+count);
        }
    }
```

程序运行结果如下。

```
设置错误
设置错误
Count 的值是5
获取错误
```

提示：对于什么时候需要封装，什么时候不用封装，并没有一个明确的规定，不过从程序设计角度来说，设计较好的类属性都是需要封装。要设置或取得属性值，则只能用 setXxx()、getXxx()方法，这是一个明确且标准的规定。

## 5.12 Java 的修饰符

在定义类中成员变量和成员方法时，都会使用一些修饰符来做出某些限制。修饰符分为访问控制修饰符和非访问控制修饰符。访问控制修饰符用来限定类、属性或方法在程序其他地方访问和调用的权限，包括 public、private、protected 等。Java 的非访问控制修饰符包括 static、

修饰符

final、abstract、native、volatile、synchronized 等。

(1) public 修饰符

public 修饰符表示公有，可以修饰类、属性和方法。如果使用了 public 访问控制符，则它可以被包内其他类、对象及包外的类和对象方法使用。

**注意：** 每个 Java 程序的主类都必须是 public 类。若在一个 Java 源文件中定义了多个类，只能有一个类是公有类。一般的构造方法会使用 public 来修饰。

(2) private 修饰符

private 修饰符只能修饰成员变量和成员方法。使用 private 声明的变量和方法，只能由它所在类本身使用，其他的类和对象无权使用该变量和方法。封装就是利用了这一点特性让属性私有化。如果一个类的构造方法声明为 private，则其他类不能生成该类的一个实例。

(3) protected 修饰符

protected 修饰符表示受保护，只能用来修饰成员变量和成员方法，不能修饰类。受保护的变量和方法的访问权限被限制在类本身、包内的所有类和定义它的类派生出的子类(可以在同一个包中，也可以在不同包)范围内。(子类在下一任务中详细介绍。)

(4) friendly(默认)修饰符

如果一个类、方法或变量名前没有使用任何访问控制符，就称这个成员所拥有的是默认的访问控制符。默认的访问控制成员可以被这个包中的其他类访问，称为包访问特性。friendly 并不是 Java 的关键字，只是对默认修饰符的一种字符形式上的定义，一般不会出现在程序中。

各访问修饰符的作用效果如表 5-3-1 所示。

表 5-3-1 各访问修饰符的作用效果

| 被访问范围 | 是否可以被访问(是/否) | | | |
|---|---|---|---|---|
| | public | protected | 默认修饰符 | private |
| 类本身 | 是 | 是 | 是 | 是 |
| 包内，子类 | 是 | 是 | 是 | 否 |
| 包内，非子类 | 是 | 是 | 是 | 否 |
| 包外，子类 | 是 | 是 | 否 | 否 |
| 包外，非子类 | 是 | 否 | 否 | 否 |

【实例 5-3-2】访问权限实例，在一个类中声明 4 种不同访问权限的方法，然后分别在包内和包外对这 4 种方法进行访问。

```
package cn.can.SL2_10;
public class VisitP {
    private void priMethod(){
    }
    protected void proMethod(){
```

```
        }
        public void pubMethod(){
        }
        void friMethod(){
        }
}
```

注解:

1) private void priMethod(),访问权限为私有,只能在 VisitP 中使用。

2) protected void proMethod(),访问权限为受保护,能被类本身和定义它的类的子类访问。

3) public void pubMethod(),访问权限为公有,可以被任何类使用。

4) void friMethod(),访问权限为默认,可以被与定义它的类在同一包中的所有类使用。

## 5.13 实践操作:使用包来进行 Java 程序中类的组织

### 1. 实现思路

本任务要使用包来进行 Java 程序中类的组织。把需要在一起工作的类放在同一包里,除了 public 修饰的类能够被所有包中的类访问外,省略修饰符的类只能被其所在包中的类访问,不能在其包外访问。包的这种组织方式把对类的访问封锁在一定的范围,体现了 Java 面向对象的封装性。

1) 打开 Eclipse,创建一个包,在包内定义一个类。

2) 在类的大括号内定义属性,在所有属性定义前都加 private 关键字。

3) 在类的大括号内输入 private 属性的 getXxx() 和 setXxx() 方法的定义。

4) 在类的大括号内定义相应的功能方法。

5) 定义测试类,运行程序。

### 2. 程序代码

```
public class Person {
    String name;
    int age;
    double weight;
    public String getName(){
        return name;
    }
    public void setName(String name){
        this.name=name;
    }
```

```java
        public double getWeight(){
            return weight;
        }
        public int getAge(){
            return age;
        }
        public void setAge(int age){
            if(age<=0){
                System.out.println("年龄出错,使用默认年龄18岁代替");
                this.age=18;
            } else
                this.age=age;
        }
        public void setWeight(double weight){
            if(weight<=0.0){
                System.out.println("体重出错,使用默认100斤代替");
                this.weight=100;
            }else
                this.weight=weight;
        }
        public void talk(){
            System.out.println("我是:"+name+",今年:"+age+"岁");
        }
        public void dining(){
            System.out.println("还没有吃饭,饿了……"+"体重:"+weight);
            this.setWeight(weight++);
            System.out.println("吃饱了……"+"体重:"+weight);
        }
        void walk(){
            this.setWeight(weight-2);
            System.out.println("走累了……"+"体重:"+weight);
        }
    }
    public class Main {
        public static void main(String[]args){
            Person p1=new Person();
            p1.setName("zhangsan");
            p1.setAge(-10);
            p1.setWeight(1);
            p1.talk();
            p1.dining();
```

```
        p1.walk();
        p1.walk();
    }
}
```

程序执行结果如下。

```
年龄出错,使用默认年龄 18 岁代替
我是:zhangsan,今年:18 岁
还没有吃饭,饿了……体重:1.0
吃饱了……体重:1.0
体重出错,使用默认 100 斤代替
走累了……体重:100.0
走累了……体重:98.0
```

**注意**：属性进行私有化需要使用 setXxx() 和 getXxx() 方法，若属性过多书写起来讲十分麻烦。Eclipse 工具提供了简单的设置方式：在代码区中右击，在弹出的快捷菜单中选择 "Source" → "Generator getters and setters"，选择需要实现封装属性单击完成。

## 【知识拓展】

构造方法也有 public 与 private 之分。到目前为止，所使用的构造方法均属于 public，它可以在程序的任何地方被调用，所以新创建的对象也都可以自动调用它。如果构造方法被设为 private，则无法在该构造方法所在的类以外的地方被调用。

```
public class Work {
    String name;
    int age;
    private Work(){
        name="张三";
        age=10;
    }
}
public class Main {
    public static void main(String[]args){
        //Work wk=new Work();不能这样用!!
    }
}
```

## 【巩固训练】

# 通过封装编写 Book 类

### 1. 实训目的
1)掌握封装的思想和实现。
2)掌握构造方法的创建与使用。
3)掌握方法重载的使用。

### 2. 实训内容
通过封装编写 Book 类。要求:类具有属性书名、书号、主编、出版社、出版时间、页数、价格,其中页数不能少于 200 页,否则输出错误信息,并强制赋默认值 200;为各属性设置赋值和取值方法;具有方法 detail(),用来在控制台输出每本书的信息。

# PROJECT 6 项目 6

# 管理员工信息

## 学习目标

1. 掌握继承的概念和实现方式。
2. 掌握 this 和 super 关键字。

# 任务  实现员工信息管理

## 【任务描述】

公司中含有3类员工，分别是雇员工、行政人员和经理。由于类别不同，对3类员工分别使用类进行标示。要求：雇员包含的属性有姓名和工号，行为有工作和加班；行政人员包含的属性有姓名、工号和职务，行为有工作和管理；经理包含的属性有姓名、工号、职务和部门，行为有工作和外交。使用继承技术实现公司员工的信息管理。其运行结果如图6-1-1所示。

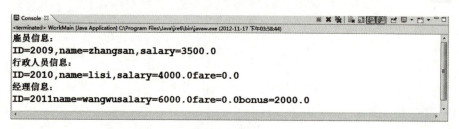

图 6-1-1  实现员工信息管理运行结果

## 6.1 继承

继承是面向对象程序设计思想中最重要的性质，通过继承可以有效建立程序结构，明确类之间的关系，增强程序的扩充性和可维护性，能够将已有的类扩充成更复杂、功能更强大的程序，并为面向对象思想的其他特性提供前提条件。

### 1. 继承的概念

面向对象程序设计中，在已有类的基础上定义新类，而不需要把已有类的内容重新书写一遍，这就称为继承。已有类称为基类或父类，在此基础上建立的新类称为派生类或子类。继承关系可以描述为：子类继承了父类或父类被子类继承。子类与父类建立继承关系后，子类也就拥有了父类的非私有的成员属性和成员方法，同时子类还可以拥有自己的属性和方法。

### 2. 继承的实现

继承的英文为"inherit"，但是由继承定义可以看出子类实际上是扩展了父类，因此Java中继承是通过关键字extends来实现的。关键字extends说明要构建一个新类，而新类是从一个已经存在的类中衍生出来的。格式如下。

```
[修饰符] class 子类名 [extends 父类]
```

【**实例6-1-1**】使用继承思想实现汽车类,以及公交车类和卡车类。

```java
public class Car {//定义父类
    public String bound;//汽车牌子
    public int count;//汽车载人数
    public void showInfo(){//显示汽车基本信息
        System.out.print("车的牌子是:"+bound+";车载人数:"+count);
    }
}
public class Bus extends Car{//Car 的子类 Bus
    public String number;//子类自己的属性——几路公交车
    protected void showStation(String station){//子类自己的方法——报站名
        System.out.println("你到"+station);
    }
}
public class Truck extends Car{//Car 的子类 Truck
    public double weight;//子类自己的属性——载重
    public void loading(String things){//子类自己的方法——装货
        System.out.println("车里装"+things);
    }
}
```

本例中主要描述了关于汽车的继承关系。其中,Bus 和 Truck 分别代表公交车和货车(实体),它们都是一种汽车 Car(概念)。因此,Car 作为父类,Bus 和 Truck 分别是由 Car 派生出来的子类。

注解:

1) Java 只允许单继承,而不允许多重继承,也就是说一个子类只能有一个父类。

2) 如果子类继承了父类,则子类自动具有父类的全部非私有的数据成员(数据结构)和成员方法(功能)。

3) 子类可以定义自己的数据成员和成员函数,也可以修改父类的数据成员或覆盖(重写)父类的方法。

4) Java 却允许多层继承。例如,子类 A 可以有父类 B,父类 B 同样也可以再拥有父类 C。因此,子类都是相对的。

5) 在 Java 中,Object 类为特殊基类,所有的类都直接或间接地继承 Object。

**注意**:我们可以看出父类都是概念性的类别词汇,如汽车、电灯、风扇。而汽车又可分为公交车、货车等,电灯又分为台灯、荧光灯、彩灯等,风扇又分为吊扇、台扇等。Java 是面向对象程序设计语言,用来形容实际存在的实体对象,所以编程前对程序需求分析应从对象入手,总结多个对象之间的相同点和不同点,把相同点抽象出来组成一个概念性的父类,把不同点作为子类自己独有的属性。因此,通常情况父类没有实例化的必要。

## 6.2 方法的覆盖

当子类继承父类，而子类中方法与父类中方法的名称、返回类型及参数完全一致时，就称子类中的方法覆盖了父类中的方法，又称方法的"重写"。

【实例 6-1-2】父类 workman 中有一个 print()方法，使用一个子类 Managerwork 来继承父类 workman 并重写父类的 print()方法。

```java
public class workman {
    String name;
    int salary;
    public void print(){
        System.out.println("姓名:"+name+"薪水"+salary);
    }
}
public class Managerwork extends workman {
    String department;
    public void print(){
        System.out.println("姓名:"+name+"薪水"+salary+"部门"+department);
    }
}
```

该实例的子类继承了父类的方法 print()，而自己也写了一个 print()方法，从继承的概念上讲子类应该拥有 2 个 print()方法，但实际上在使用子类对象调用方法时，调用的是子类写的 print()方法，同时也就相当于覆盖了父类的方法。

## 6.3 this 和 super 关键字

### 1. this 关键字

this 有 3 种用法：第一种用法，this 代表它所在类的实例化对象，可以理解为是类对象的一个简单引用。利用 this 可以连用当前对象的方法和变量，特别是当方法名和变量名很长时，这种调用更加有意义。第二种用法，解决成员变量和局部变量重名的问题。第三种用法，在同一个类中不同构造方法之间的调用需要使用 this。

【实例 6-1-3】this 关键字的 3 种用法举例。

```java
public class ThisEx {
    public String name;
    public int age;
    public ThisEx(String name){
```

```java
        this.name=name;            //参数中的变量名 name 和属性中的姓名 name 重名
    }
    public ThisEx(String name,int age ){
        this(name);                //调用上面的 public ThisEx(String name)构造方法
        this.age=age;              //参数中的变量名 age 和属性中的年龄 age 重名
    }
    public void setAge(int age){
        this.age=age;
        this.aComplexMethodPresentations();//调用名称复杂的方法
    }
    public void aComplexMethodPresentations(){
        int age;
        age=this.age;
    }
}
```

注意：如果在构造方法中调用另一构造方法，则这条调用语句必须放在第一句。

**2. super 关键字**

super 主要的功能是完成子类调用父类中的内容。super 有两种用法：第一种用法，super 表示的是所在类的直接父类对象，使用 super 可以调用父类的属性和方法。第二种用法，子类的构造方法中可以调用父类的构造方法。

【实例 6-1-4】super 关键字的两种用法举例。

```java
public class Father {
    String name;
    public Father(){
        System.out.println("调用父类构造方法");
    }
    public void walk(){
        System.out.println("调用父类 walk 方法");
    }
}
public class Child extends Father{
    public Child(){
        super();                //调用父类的构造方法
        System.out.println("调用子类构造方法");
    }
    public void walk(){
        super.walk();           //调用父类的方法
        System.out.println("调用子类 walk 方法");
    }
```

注意:子类中的无参构造方法默认第一句是调用父类的无参构造方法。使用 super 调用父类的方法实际上主要是调用被子类覆盖的方法。

## 6.4 最终类和抽象类

### 1. 最终类

Java 中的 final 关键字可以用来修饰类、方法和局部变量。修饰过的类称为最终类,此类不能被继承。修饰过的方法称为最终方法,此方法不能被子类复写。修饰过的变量实际上相当于常量,此变量(成员变量或局部变量)只能赋值一次。

【实例 6-1-5】最终类错误示例程序设计。

```
public class TestFinal {
    public static final int TOTAL_NUMBER=5;
    public int id;
    public TestFinal(){
        id=++TOTAL_NUMBER;
        //非法,对 final 变量 TOTAL_NUMBER 进行二次赋值了
    }
    public static void main(String[]args){
        final TestFinal t=new TestFinal();
        final int i=10;
        final int j;
        j=20;
        j=30;//非法,对 final 变量进行二次赋值了
    }
}
```

### 2. 抽象类

Java 中存在一种类专门用来当作父类的类,这种类类似于"模板",其目的是要设计者依据它的格式来修改并创建新的类,但是,并不能直接由这种类创建对象,只能通过这种类派生出新的类来创建对象。这种不能生成实例化对象的类称为抽象类。抽象类是体现某些基本行为的类,该类可以声明抽象方法,抽象方法没有方法体,只能通过继承在子类中实现该方法。抽象类的作用实际上是一种经过优化的组织方式,这种组织方式使得所有的类层次分明,简洁精练。抽象类定义规则如下。

1) 抽象类和抽象方法都必须用 abstract 关键字来修饰。
2) 抽象类不能被实例化,也就是不能用 new 关键字产生对象。
3) 抽象方法只需声明,而不需实现。
4) 含有抽象方法的类必须被声明为抽象类,抽象类的子类必须复写所有的抽象方法后才

能被实例化，否则这个子类还是个抽象类。

【实例 6-1-6】抽象类程序设计。

```java
abstract class Person {
    String name;
    int age;
    String occupation;
    public abstract String talk();//声明一抽象方法,无方法体
}
class Student extends Person {
    //省略构造方法
    //复写 talk()方法
    public String talk(){
        return "姓名:"+this.name+",年龄:"+this.age+",职业:"
        + this.occupation+"!";}
}
public classMain {
    public static void main(String[]args){
        Student s=new Student("张三", 20,"学生");
        System.out.println(s.talk());
    }
}
```

## 6.5 实践操作：员工信息管理程序编写

### 1. 实施思路

雇员类、行政人员类、经理类有许多相同的语句代码。在属性方面，都包含年龄、性别等重复的信息定义。换个思路，雇员是一般性的概念，在定义类时，将经理类、行政人员类中相同的属性和方法抽象出来，集中放在雇员类中，形成一种共享的机制，经理类、行政人员类中只放自己特有的成员变量和成员方法，减少重复代码。这样的雇员类称为父类，行政人员类、经理类称为子类。子类继承父类的非私有成员变量和成员方法。

1）打开 Eclipse，包中定义雇员类。

2）在雇员类中只定义共有的成员变量，定义类的构造方法，定义共有的方法。

3）定义行政人员类、经理类，只定义自己特有属性和方法，父类已有的成员变量和成员方法不再定义。

4）编写测试类，分别声明对象进行调用。

## 2. 程序代码

```java
public class employee {                              //雇员类
    //省略编号姓名工资
    //省略 setXxx()、getXxx()
    public void Employee(){                          //构造函数
        ID=0;
        this.name="";
        this.salary=0.0;
    }
    public void print(){
        ……
    }
}


public class administration extends employee {       //行政人员
    double fare;
    public administration(){
        this.fare=0.0;
    }
    //省略 getFare()、setFare(double fare)
    public void print(){
        ……
    }
}


public class manager extends administration {        //经理
    double bonus;
    public manager(){
        this.bonus=0.0;
    }
    //省略 getBonus()、setBonus(double bonus)
    public void print(){
        ……
    }
}
public class WorkMain {
    public static void main(String[]args){
        employee employee1=new employee();
        employee1.setID(2009);
        employee1.setName("zhangsan");
        employee1.setSalary(3500.00);
```

```
        System.out.println("雇员信息:");
        employee1.print();
        administration xingzheng1=new administration();
        xingzheng1.setID(2010);
        xingzheng1.setName("lisi");
        xingzheng1.setSalary(4000.00);
        System.out.println("行政人员信息:");
        xingzheng1.print();
        manager manager1=new manager();
        manager1.setID(2011);
        manager1.setName("wangwu");
        manager1.setSalary(6000.00);
        manager1.setBonus(2000.00);
        System.out.println("经理信息:");
        manager1.print();
    }
}
```

【巩固训练】

## 动物世界的继承关系代码编写

### 1. 实训目的

1)掌握继承的概念和实现。

2)掌握多态的概念和实现。

### 2. 实训内容

编写动物世界的继承关系代码。动物(Animal)包括山羊(Goat)和狼(Wolf),它们吃(eat)的行为不同,山羊吃草,狼吃肉,但走路(walk)的行为是一致的。通过继承实现以上需求,并编写 AnimalTest 测试类进行测试。

# PROJECT 7 项目 ⑦
## 显示不同类别的员工信息

### 学习目标

1. 掌握继承关系下方法的覆盖。
2. 理解多态的含义。

# 任务 实现员工信息分类

【任务描述】

仍以项目6中公司的相关信息为例，本任务要求使用继承技术实现公司员工的信息管理，使用多态特性通过统一的方法显示不同类型员工的信息。

## 7.1 多态的概念

多态字面意思代表"多种状态"。通过对继承的讲解，可以知道父类能被多个子类继承，那么在面向对象思想中"态"是指"子类和父类"两种状态，而一个父类可以拥有多个子类，那么子类和父类合起来就可以成为多态。例如，父类记作A，有子类a1和a2。那么"A a=new a1()；A a=new a2()；"这两条语句是对的，同时"A a=new A()"。可以看出，对于父类A的声明a，它可以等于(具备)3个新创建的对象(状态)。我们称这种现象为多态。

在讲解多态的正式概念前，我们还必须复习"重写"概念。重写是指父类中的方法在被子类继承过去后，子类可以重新实现方法体内容，这样子类和父类中就存在一个名称相同的但实现不同的方法。假设上例中父类A中有一个public权限的方法method()，同时子类a1和a2对该方法进行重写。那么，上段中的3条语句所产生的对象a分别去调用method()方法，结果第一句"A a=new a1()；"是调用子类a1中的method()，第二句"A a=news a2()；"则调用子类a2中的method()，第三句"A a=new A()"则调用父类A的method()。在面向对象的程序设计中，需要利用这样的"重名"现象来提高程序的抽象度和简洁性。

多态是指Java的运行时多态性，它是面向对象程序设计中代码重用的最强大机制，Java实现多态的基础是动态方法调度，就是指父类某个方法被其子类重写时，可以各自产生自己的功能行为。

**注意**：多态概念在很多书中分为运行时多态和静态多态。静态多态可简单理解为方法重载。实际上在程序编写时动态多态的用法更为广泛和有效。

## 7.2 多态的用法

多态的用法一般可以归结为两种：一种用法是使用父类声明的数组存储子类的对象；另

一种用法是使用父类的声明作为方法的形参,子类对象作为实参传入。

【实例 7-1-1】员工管理系统中,员工分为普通员工(CommEmp)、管理人员(Manager)和人力资源(HR)。要求 HR 对所有员工进行评测,即输出员工的信息。

父类 Employee 由普通员工和管理人员总结抽象出来。

```java
public class Employee {
    public String name;
    public Employee(String name){
        this.name=name;
    }
    public void showInfo(){
    }
}
```

子类 CommEmp 继承父类 Employee,重写了父类的 showInfo()方法。

```java
public class CommEmp extends Employee{
    public String workStation;
    public CommEmp(String name,String workStation){
        super(name);
        this.workStation=workStation;
    }
    public void showInfo(){                              //重写父类的方法
        System.out.println("我是"+this.name+";工作岗位是"+this.workStation);
    }
}
```

子类 Manager 继承父类 Employee,重写了父类的 showInfo()方法。

```java
public class Manager extends Employee {
    public String dep;
    public Manager(String name,String dep){
        super(name);
        this.dep=dep;
    }
    public void showInfo(){                              //重写父类的方法
        System.out.println("我是"+this.name+";管理的部门是"+this.dep);
    }
}
```

类 HR 的 judge 方法使用父类 Employee(数组)作为形参。

```java
public class HR{
    public void judge(Employee[]emp){                    //使用父类作为方法的形参
```

```
            for(int i=0;i<emp.length;i++){
                emp[i].showInfo();      //形式上调用父类方法,实际会根据传入对象来调用
            }
        }
    }
```

测试类 Main 中使用父类数组盛放子类对象，HR 的对象调用方法传入子类对象。

```
public class Main {
    public static void main(String[]args){
        Employee[]emp=new Employee[3];                      //声明父类数组
        emp[0]=new CommEmp("普通员工-张三","修理工");        //数组中填充子类对象
        emp[1]=new Manager("管理者-李四","财务处");
        HR hr=new HR();
        hr.judge(emp);
    }
}
```

## 7.3 实践操作：显示不同类别员工信息程序编写

### 1. 实施思路

实施思路与项目 6 中"实践操作：员工信息管理程序编写"的实施思路相似，这里不再赘述。

### 2. 程序代码

程序代码与项目 6"实践操作：员工信息管理程序编写"的代码类似，请同学们尝试自行编写本任务的程序代码，加深对多态概念的理解。

【知识拓展】

任何类的父类都是 Object，根据多态的概念，任何子类的对象都可以赋值给父类的引用。也就是说，任何类的所有实例都可以用 Object 来代替。例如：

```
Object obj="String";
```

因为整数、字符型等基本数据类型不属于对象类型（引用类型），所以不能使用 Object 来指向这些基本数据类型。但是，利用基本数据类型的对象包装器进行转换后即可使用 Object 来指向。例如：

```
Object obj=new Integer(1);
```

Object 可以代表所有的对象,这种思想对于通用编程是非常有用的。例如,在 Arrays 类中有一个静态方法 sort(Object[ ]obj),在这个方法中传入任何一个数组都可以。这种通用性可以增加方法的可用范围,使该方法具备了通用性。

【巩固训练】

## 动物世界的继承关系代码编写

### 1. 实训目的
1)巩固继承的概念和实现。
2)掌握多态的概念和实现。

### 2. 实训内容
编写动物世界的继承关系代码。动物(Animal)包括山羊(Goat)和猫(Cat),它们叫声不同,山羊为"咩咩",猫为"喵喵"。通过多态实现:创建 2 只羊、1 只猫,通过循环让每只动物叫一声。

# PROJECT 8 项目 8

## 模拟USB接口

### 学习目标

1. 掌握 Java 接口的概念。
2. 理解面向接口编程的思想。
3. 掌握接口的多态技术。

# 任务  实现 USB 接口模拟

### 【任务描述】

计算机主板上的 USB 接口有严格的规范,闪存盘、移动硬盘的内部结构不相同,每种盘的容量也不同,但闪存盘、移动硬盘都遵守了通用串行总线(Universal Serial Bus,USB)接口的规范。所以,在使用 USB 接口时,可以将闪存盘、移动硬盘插入任意一个 USB 接口,而不用担心哪个 USB 接口是专门插哪个盘的。请编写程序,模拟使用 USB 接口的过程。其运行结果如图 8-1-1 所示。

图 8-1-1  实现 USB 接口模拟运行结果

## 8.1  Java 接口

购买 USB 鼠标的时候,不需要问计算机配件的商家 USB 鼠标是什么型号的,也不需要询问满足什么要求才能使用,一般情况下买回来就可以直接使用。其原因就是 USB 接口是统一的,都实现了 USB 鼠标的基本功能,可以说是 USB 鼠标的一种规范。所有的厂家都会按照这个规范来制造 USB 接口的鼠标。这个规范说明制作该 USB 类型的鼠标应该做些什么,但并不说明如何做。

### 1. 接口的概念

Java 程序设计中的接口(Interface)也是一种规范,用来组织应用程序中的类,并调节它们的相互关系。接口是由常量和抽象方法组成的特殊类,是对抽象类的进一步抽象,形成一个属性和行为的介绍集合,该集合通常代表一组功能的实现。

提示:在早期的面向对象语言中接口不是使用 interface 关键字,而是使用 protocal。从这个词汇中可以看出接口最核心的意义是协议,一个规定了一组功能的协议。既然有协议的意思,那么协议中要说明需要遵守的条约,相当于抽象方法。然而,协议中一般不去理会到底如何实现条约,这进一步说明了使用抽象方法的意义。

Java 不支持多继承性,即一个类只能有一个父类。单继承性使 Java 简单,易于管理程序。为了克服单继承的缺点,Java 使用了接口,一个类可以实现多个接口。

### 2. 接口的声明

接口的声明格式如下。

```
[public] interface 接口名 [extends 接口1,接口2…]{
    [public] [static] [final]数据类型 常量名=常量值;
    [public] [static] [abstract]返回值 抽象方法名(参数列表);
}
```

由接口的声明的语法格式看出,接口是由常量和抽象方法组成的特殊类。

注解:

1)接口的访问修饰符只有 public 一个。

2)接口可以被继承,它将继承父接口中的所有方法和常量。

3)接口体只包含两部分:一是常量,二是抽象方法。

4)接口中的常量必须赋值,并且接口中的属性都被默认为是 final 修饰的常量。

5)接口中的所有的方法都必须是抽象方法,抽象方法不需要使用 abstract 关键字声明,直接默认为是抽象的。

### 3. 接口的实现和使用

接口里只有抽象方法,它只要声明而不用定义处理方式,于是自然可以联想到接口也没有办法像一般类一样,再用它来创建对象。利用接口打造新的类的过程,称为接口的实现(implementation),同时,实现了接口的类称为接口实现类。接口的实现格式如下。

```
class 类名称 implements 接口A,接口B      //接口的实现
{
    ……
}
```

【实例8-1-1】接口实现程序设计。

```
interface A {                           //定义接口 A
    public String name="张三";          //定义全局常量
    public void print();                //定义抽象方法
}
interface B{                            //定义接口 B
    public void say();                  //定义抽象方法
}
```

```
class C implements A,B{                    //子类同时实现两个接口
    public void say(){                     //覆写B接口中的抽象方法
        System.out.println("Hello!");
    }
    public void print(){                   //覆写A接口中的抽象方法
        System.out.println("姓名:"+name);
    }
}
```

接口的使用与类的使用有些不同。类会直接使用 new 关键字来构建一个类的实例进行应用，而接口只能被它的实现类进行进一步的实现才能发挥作用。

## 8.2 接口与多态

多态是面向对象编程思想的重要体现，它建立在继承关系存在的基础上。接口与它的实现类之间存在实现关系，也就具有继承关系。因此，接口可以像父类、子类一样使用多态技术，其中接口回调就是多态技术的体现。接口回调是指可以将接口实现类的对象赋给该接口声明的接口变量中，那么该接口变量就可以调用接口实现类对象中的方法。不同的类在使用同一接口时，可能具有不同的功能，即接口实现类的方法体不必相同，因此，接口回调可能产生不同的行为。

【实例8-1-2】接口回调的例子。

```
interface ShowMessage {
    void showTradeMark();
}
class TV implements ShowMessage {
    public void showTradeMark(){
        System.out.println("我是电视机");
    }
}
class PC implements ShowMessage {
    public void showTradeMark(){
        System.out.println("我是计算机");
    }
}
public class TestExample {
    public static void main(String args[])
    {
        ShowMessage sm;                    //声明接口变量
```

```
        sm=new TV();                    //实现类对象赋值接口变量
        sm.showTradeMark();             //接口回调
        sm=new PC();                    //接口变量中存放对象的引用
        sm.showTradeMark();             //接口回调
    }
}
```

## 8.3　面向接口编程的步骤

接口体现了规范与分离的设计原则，可以很好地降低程序各模块之间的耦合度，提高系统的可扩展性、可维护性。开发系统时，主体构架使用接口来构成系统的骨架，这样就可以通过更换接口的实现类来更换系统的实现，这就是面向接口编程的思想。

【实例 8-1-3】有一打印中心，既有黑白打印机，又有彩色打印机。在打印时，使用不同的打印机，打印效果也就不同。采用面向接口编程的思想编程实现黑白、彩色打印效果。

### 1. 抽象出 Java 接口

分析：黑白、彩色打印机都存在一个共同的方法特征，即 print()；黑白、彩色打印机对 print()方法有各自不同的实现。

结论：抽象出 Java 接口 PrinterFace，在其中定义方法 print()。

具体实现：

```
public interface PrinterFace {              //打印机接口
    public void print(String content);
}
public interface Printer {                  //打印中心的打印接口
    public String detail();
}
```

### 2. 实现 Java 接口

分析：已经抽象出 Java 接口 PrinterFace，并在其中定义了 print()方法，黑白、彩色打印机对 print()方法有各自不同的实现。

结论：黑白、彩色打印机都实现 PrinterFace 接口，各自实现 print()方法。

具体实现：

```
public class BlackPrinter implements PrinterFace {
    public void print(String content){
        System.out.println("黑白打印:");
        System.out.println(content);
    }
```

```java
}
public class ColorPrinter implements PrinterFace{
    public void print(String content){
        System.out.println("彩色打印:");
        System.out.println(content);
    }
}
```

### 3. 使用 Java 接口

分析：主体构架使用接口，让接口构成系统的骨架。

结论：更换实现接口的类就可以更换系统的实现。

具体实现：

```java
public class PrinterCentre implements Printer {
    private PrinterFace printerface;              //打印机接口
    public void setPrinter(PrinterFace pf){
        this.printerface=pf;
    }
    public String detail(){
        return "这里是打印中心";
    }
    public void printph(Printer pf){
        printerface.print(pf.detail());           //printerface 接口打印 Printer 接口信息
    }
}
public classMain {
    public static void main(String[]args){
        PrinterCentre pc=new PrinterCentre();     //创建打印中心
        pc.setPrinter(new BlackPrinter());        //配备黑色打印机
        pc.printph(pc);                           //打印
        pc.setPrinter(new ColorPrinter());        //配备彩色打印机
        pc.printph(pc);                           //打印
    }
}
```

程序运行结果如下。

```
黑白打印:
这里是打印中心
彩色打印:
这里是打印中心
```

## 8.4 接口中常量的使用

常量是一种标识符，它的值在运行期间恒定不变。常量标识符在程序中只能被引用，不能被重新赋值。在 Java 接口中声明的变量编译时会自动加上 static final 的修饰符，即声明为常量，因而 Java 接口通常是存放常量的最佳位置。

下面通过代码来演示接口中的常量。

【实例 8-1-4】接口中的常量程序设计。

```
interface Cons {//定义接口
    final String name="this is my name";
}
class Const implements Cons {
}
public class TestInterfaceConst {
    public static void main(String[]s){
        Const cons=new Const();
        String name=Cons.name;
        System.out.println(name);
        String n=cons.name;
        System.out.println(n);
    }
}
```

程序运行结果如下。

```
this is my name
this is my name
```

从【实例 8-1-4】中可以看出，接口内定义的所有属性都是 public static 的，方法都是 public abstract 的。

## 8.5 实践操作：USB 接口模拟程序编写

### 1. 实施思路

USB 接口可以使鼠标、键盘、移动硬盘等连接到计算机，完成插入、启动、停止的功能。当鼠标、键盘或移动硬盘插入 USB 接口时，它们的表现是不一样的。作为 USB 接口的接口有 3 个抽象方法，但无法实现具体的功能。这些功能留在鼠标、键盘或移动硬盘实现类中完成。

1）打开 Eclipse，定义一个 USB 接口得到接口的框架。

2) 在接口中进行抽象方法声明。

3) 编写测试类进行测试。

## 2. 程序代码

```java
public interface USBInterface {            //这是 Java 接口,相当于主板上的 USB 接口的规范
    public void start();
    public void Conn();
    public void stop();
}
public class MouseInterface implements USBInterface{
    public void start(){                   //实现接口的抽象方法
        System.out.println("鼠标插入,开始使用");
    }
    public void Conn(){
        System.out.println("鼠标已插入,使用中");
    }
    public void stop(){                    //实现接口的抽象方法,鼠标有自己的功能
        System.out.println("鼠标退出工作");
    }
}
public class MovingDisk implements USBInterface{
    public void start(){                   //实现接口的抽象方法,移动硬盘有自己的功能
        System.out.println("移动存储设备插入,开始使用");
    }
    public void Conn(){
        System.out.println("移动存储设备已插入,使用中");
    }
    public void stop(){                    //实现接口的抽象方法,移动硬盘有自己的功能
        System.out.println("移动存储设备退出工作");
    }
}
public class Keyboard implements USBInterface{
    public void start(){                   //实现接口的抽象方法,键盘有自己的功能
        System.out.println("键盘插入,开始使用");
    }
    public void Conn(){
        System.out.println("键盘已插入,使用中");
    }
    public void stop(){                    //实现接口的抽象方法,键盘有自己的功能
        System.out.println("键盘退出工作");
    }
}
```

```java
public class TestUsbInterface {
    public static void main(String[]args){
        USBInterface usb1=new MovingDisk();        //将移动硬盘插入USB接口1
        USBInterface usb2=new MouseInterface();    //将鼠标插入USB接口2
        USBInterface usb3=new Keyboard();          //将键盘插入USB接口2
        usb1.start();
        usb1.Conn();
        usb2.start();
        usb2.Conn();
        usb3.start();
        usb3.Conn();
        usb1.stop();
        usb2.stop();
        usb3.stop();
    }
}
```

## 【知识拓展】

增加主板类，再修改 UseUSB 类，将 USB 接口安装在主板上，然后在 UseUSB 类中将移动硬盘插入主板的 USB 接口中。

```java
class MainBoard{
    public void useUSB(USBInterfaceusb){        //插入符合USB接口规范的盘
        usb.start();
        usb.Conn();
        usb.stop();
    }
}
public class UseUSB {
    public static void main(String[]args){
        MainBoard mainBoard=new MainBoard();
        USBInterfaceusb1=new MovingDisk();      //在USB接口1上插入移动硬盘
        mainBoard.useUSB(usb1);
    }
}
```

## 【巩固训练】

## 几何图形设计及其面积、周长计算

### 1. 实训目的

1）掌握 Java 接口的定义、实现与使用。

2）掌握 Java 接口与多态的关系。

3）掌握面向接口编程的思想。

4）掌握接口中常量的使用。

### 2. 实训内容

设计几何图形（Shape）、矩形（Rectangle）、圆形（Circle）、正方形（Square），利用接口和多态性计算几何图形的面积和周长，并显示出来。

# PROJECT 9 项目 9
## 快速计算学生成绩

### 学习目标

1. 掌握数组的声明和创建方法。
2. 掌握一维数组的遍历方法。
3. 掌握数组的排序、查找、比较等操作。
4. 掌握多维数组的遍历和处理方法。

## 任务 ▶ 实现学生成绩计算

【任务描述】

对学生成绩进行统计计算，参加考试的有 6 名学生，考试成绩分别为 94.5、89.0、79.5、64.5、81.5、73.5，计算考试的总分数并保存大于考试平均分的成绩信息，将信息存入数组 HighScore 中。其运行结果如下。

```
计算本组成员的考试总分数
94.5 89.0 79.5 64.5 81.5 73.5
考试总分数:482.5 平均分:80.416664
高于平均分的是:94.5 89.0 81.5
```

## 9.1　一维数组

### 1. 数组的声明及创建

当处理一组相同数据类型的数据时，为了提高处理效率，需要一种高效的数据结构来有效地处理简单或复杂的数据。数组就是一种在内存中连续存储的、具有相同数据类型的随机存储结构，既可以顺序检索，又可以通过索引直接查找。数组是相同类型的数据按顺序组成的一种复合数据类型。

（1）声明数组

声明数组包括数组的名称、数组包含元素的数据类型。

声明一维数组有下列两种格式。

格式一：

```
数组元素类型 数组名称[];
```

格式二：

```
数组元素类型[]数组名称;
```

例如：

```
float score[];double[]girl;char cat[];
```

通过声明可以使程序知道，在内存空间中有一个连续的内存区域是某种类型的，如上例中的 float score[ ] 表示有许多个 float 型的变量在 score[ ] 数组中，但具体几个不明确。仅仅通过数组声明 float score[ ] 不能在内存中创建出数组，只能说明有一个 float 型的数组名称是 score。因此，还要为它分配数组元素空间，指明空间个数。

（2）创建数组

创建数组实际上就是为数组元素分配内存单元，形成一个数组对象，而使用的关键字与创建对象关键字相同，为 new 关键字。创建一个数组可以分为以下两步。

第一步：

```
数组元素类型  数组名称[];
```

第二步：

```
数组名称=new 数组元素的类型[数组元素的个数];
```

若将声明与创建两步合并为一步来完成数组创建，则格式如下。

```
数组元素类型  数组名称[]=new 数组元素的类型[数组元素的个数];
```

例如：我们要记录、存储 4 天的最高温度，可以先声明一个 float 型的名为 dayMaxTemperature 的数组，然后用 new 关键字来创建 4 个连续的 float 型的数组元素空间。代码片段如下。

```
float   dayMaxTemperature[];
dayMaxTemperature=new float[4];
```

也可以合并为一步。

```
float dayMaxTemperature[]=new float[4];
```

这时数组 dayMaxTemperature 在内存中的结构如图 9-1-1 所示。

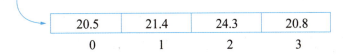

图 9-1-1　数组 dayMaxTemperature 在内存中的结构

## 2. 数组的使用及初始化

创建了数组之后，可以使用数组索引或下标（下标表示元素在数组中位置）来使用数组。数组的使用的格式如下。

```
数组名 [数组下标]=数据;
```

例如：

```
float score[];score=new float[4];score[0]=78.9.7f;
```

声明数组仅仅是给出了数组名称和元素的数据类型,要想真正地使用数组必须为它分配内存空间,即创建数组,在为一维数组分配内存空间时必须指明数组的长度。

为数组分配内存空间并初始化的格式如下。

第一步:

```
数组元素类型  数组名字[];
```

第二步:

```
数组名称=new 数组元素的类型[数组元素的个数];
```

第三步:

```
数组名称[下标]=初值;
```

简记格式如下。

```
数组元素类型  数组名称[]={数据1,……,数据m};
```

此时未指定数组长度,但通过数据个数可以间接得出其数组长度是 m。

例如:

```
floatscore []=new float[4];
score[0]=78.9f;score[1]=80.4f;score[2]=89.0f;score[3]=88.5f;
```

或者简记为:

```
float score[]={ 78.9.7f,80.4f, 89.0f,88.5f};
```

【实例 9-1-1】声明并创建存放 4 个人考试成绩的一维数组并输出。

```
public class First_Array{
    public static void main(String args[]){
        float score[]=new float[3];
        score[0]=78.9f;
        score[1]=80.4f;
        score[2]=89.0f;
        System.out.println(score[0]);
        System.out.println(score[1]);
        System.out.println(score[2]);
        float score2[]={68.9f,60.4f,69.0f,68.5f};
        System.out.println(score2[3]);
    }//主函数
}//创建类
```

该程序产生的输出如下。

```
78.9
80.4
89.0
68.5
```

### 3. 数组遍历、排序

(1) 数组遍历

数组的遍历是使用循环语句来获取数组中的每一个元素，通过下标来控制访问哪一个元素。为了访问数组方便，Java 提供了一维数组长度的提取办法，即 "数组名 . length"，返回数组的长度。

【实例 9-1-2】使用数组 score 保存 4 个考试成绩并使用 for 循环语句来遍历它们。

```java
public class VisitAll {
    public static void main(String args[]){
        float score[]=new float[4];
        score[0]=78.9f;
        score[1]=80.4f;
        score[2]=89.0f;
        score[3]=88.5f;
        for(int i=0;i < score.length;i++){
            System.out.println(score[i]);
        }
    }//主函数
}//创建类
```

程序运行结果如下。

```
78.9
80.4
89.0
88.5
```

一维数组的遍历比较简单，只要控制一个数组下标就能遍历整个数组；二维数组的遍历要逐行进行循环处理，在每行中使用一维数组的遍历方法，即将每行的列元素一一访问，直到所有行访问完毕为止。

(2) 数组排序

排序是按照关键字的大小将数组重新排列，使其按关键字由小到大或者由大到小排列。常用的冒泡排序方法的排序过程是将待排序的数据存放在数组中，自后向前依次两两相互比较，如果后者比前者小，则交换两数据；一直比较到第一个位置，将数据序列的第一个最小的数据选出放在第一个位置。在剩余的数列(除第一个位置数据外的数据)中再自后向前按上述方法比较，直到整个数列有序为止。

【实例9-1-3】简单的冒泡排序，按关键字由小到大排列一组整数。

```java
public class BubbleSort {
    public static void print(int[]table)              //输出数组元素
    {
        if(table! =null)
        for(int i=0;i < table.length;i++)
        System.out.print(" "+table[i]);
        System.out.println();
    }
    public static void bubbleSort(int[]table)         //冒泡排序
    {
        System.out.print("冒泡排序");
        boolean exchange=true;                         //是否交换的标记
        for(int i=1;i < table.length && exchange;i++)
        //有交换时再进行下一趟,最多n-1趟
        {
            exchange=false;                            //假定元素未交换
            for(int j=0;j < table.length-i;j++)
            //一次比较、交换
            if(table[j]> table[j+1])                   //反序时交换
            {
                int temp=table[j];
                table[j]=table[j+1];
                table[j+1]=temp;
                exchange=true;                         //有交换
            }
        }
    }
    public static void main(String[]args){
        int[]table={ 52, 26, 97, 19, 66, 8, 49 };
        System.out.print("关键字序列:");
        BubbleSort.print(table);
        BubbleSort.bubbleSort(table);
        BubbleSort.print(table);
    }
}
```

程序运行结果如下。

关键字序列： 52 26 97 19 66 8 49
冒泡排序 8 19 26 49 52 66 97

### 4. 用 java.util.Arrays 类操作数组

java.util 包包含许多常用的包，Arrays 类就是其中一个。它提供了数组的一些常用的方法，如排序、查找等常用的方法。

```
public static void sort(数值类型[]a)
```

该方法对指定的数值型数组 a 按数字升序进行排序。在数组排序中我们自己设计一个简单的冒泡排序程序进行排序。Java 在工程化设计中经常采用 Arrays 类的 sort() 方法来进行排序。该方法是一个经过调优的快速排序法，执行效率高，且实施方便快捷，使开发人员很容易完成排序任务。

【实例9-1-4】对无序的 10 个数字使用 Arrays 类的 sort() 方法进行排序。

```java
import java.util.Arrays;
public class ArraySort {
    public static void main(String[]args){
        int[]sum={ 1, 4, 2, 3 };
        System.out.println("*****排序前******");
        for(int i=0;i < sum.length;i++){
            System.out.println("sum["+i+"]="+sum[i]+" ");
        }//for
        Arrays.sort(sum);
        System.out.println("*****排序后******");
        for(int i=0;i < sum.length;i++){
            System.out.println("sum["+i+"]="+sum[i]);
        }//for
    }
}
```

该程序产生的输出如下。

```
*****排序前******
sum[0]=1
sum[1]=4
sum[2]=2
sum[3]=3
*****排序后******
sum[0]=1
sum[1]=2
sum[2]=3
sum[3]=4
```

注意：有序数组对数据的查找效率很高。如果一组有序序列需要频繁查找而较少更新的话，则建议用数组结构，如输入法的拼音字库中字或词的查找等。

```
public static int binarySearch(数组,关键字)
```

使用二进制搜索算法来搜索指定的数值型数组,以获得指定的值。必须在进行此调用之前对数组进行排序[通过上面的sort()方法]。如果没有对数组进行排序,则结果是不明确的。

【实例9-1-5】对给定的有序数字序列,使用Arrays类提供的二分查找法来实现给定关键字的查找。

```java
import java.util.Arrays;
public class BinSearch {
    public static void main(String args[]){
        int[]sum1={1,4,2,11,10,20 };
        Arrays.sort(sum1);
        for(int i=0;i < sum1.length;i++){
            System.out.print(" "+sum1[i]);
        }
        System.out.print(" 数据10 的下标是" +
        Arrays.binarySearch(sum1, 10));
    }
}
```

该程序产生的输出如下。

```
1 2 4 10 11 20 数据10 的下标是3
```

binarySearch()方法先对数据进行排序,再将关键字值与数组中间下标的数值比较。如果小于中间值,则在前半部分执行二分搜索,否则,在后半部分搜索,反复进行上述过程,直到找到给定的键值或没找到给定的关键字。

**注意**:对于数组中的数据需要频繁进行插入、删除操作,建议不要用数组处理,因为频繁地移动数据元素效率不高,可以使用动态数组LinkedList类,它在java.util包中,提供了插入和删除的方法,并且有较高的效率。

## 9.2 二维数组

在学会使用一维数组声明创建并初始化之后,二维数组和一维数组类似。二维数组初始化的步骤如下。

第一步:

```
数组元素类型  数组名称[][];
```

第二步:

```
数组名称=new 数组元素的类型[行数][列数];
```

**第三步：**

数组名称[行下标][列下标]=初值；

数组初始化简化定义格式如下。

数组元素类型 数组名称[][]={{数据1,……,数据m},……,{数据1,……,数据m}};

完成二维数组定义和初始化，要遍历内容使用"数组名[行下标].length"来获得每行的长度的，也就是使用嵌套的循环来完成二维数组遍历格式如下。

```
for(int i=0;i<数组名.length,i++)
for(int j=0;i<数组名[i].length,i++){
    System,out.println(数组名[i][j]);
}
```

【实例9-1-6】实现一个数组的转置，操作过程是将二维数组表示的矩阵对应的每一个元素number[i][j]转换成number[j][i]（对角线数据不变，还是1、5、9）。二维数组内存结构如图9-1-2所示。

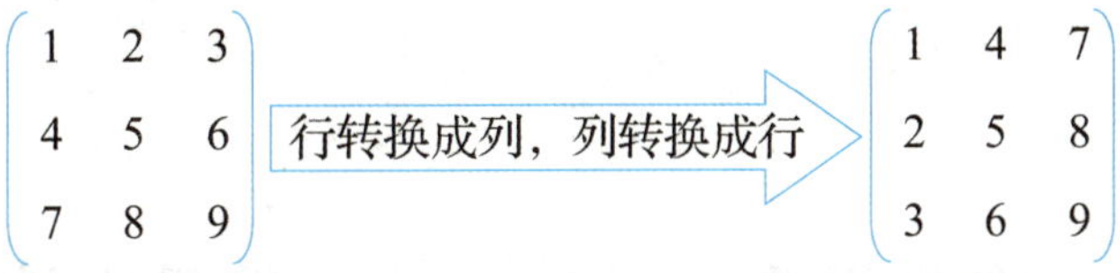

图9-1-2 二维数组内存结构

```java
import java.util.Scanner;
public class Reverse {
    public static void main(String[]args){
        int[][]number=new int[3][3];
        System.out.println("随机产生3*3的二维数组");
        for(int i=0;i < number.length;i++){
            for(int j=0;j < number[i].length;j++){
                number[i][j]=(int)(Math.random()* 100);
                System.out.print(number[i][j]+ " ");
            }
            System.out.println();
        }
        System.out.println("转置后");
        for(int i=0;i < number.length;i++){
            for(int j=0;j < number[i].length;j++){
                if(i < j){
                    int temp=number[i][j];
                    number[i][j]=number[j][i];
```

```
                    number[j][i]=temp;
                }
                System.out.print(number[i][j]+" ");
            }
            System.out.println();
        }
    }
}
```

该程序产生的输出如下。

```
随机产生 3* 3 的二维数组
99 17 77
10 72 11
75 31 99
转置后
99 10 75
17 72 31
77 11 99
```

## 9.3　实践操作：学生成绩计算程序编写

### 1. 实现思路

1）打开 Eclipse，创建一个类。

2）在类的 main( ) 方法中定义一个含有 6 个元素的整型数组。

3）给数组元素赋值。

4）通过循环完成数组元素相加求和。

5）输出总分，测试运行。

6）计算平均分 avgscore。

7）通过 getHighScore( ) 方法获得高于平均分的分数信息。

8）通过 visitAllArray( ) 方法输出高于平均分的分数信息。

### 2. 程序代码

```
public class Sum {
    public static float calculate(float a[]){
        float sum=0.0f;
        for(int i=0;i < a.length;i++){
            sum +=a[i];
        }
```

```java
        return sum;
    }//计算数组数据数值的总和

    public static float[]getHighScore(float a[]){
        int count=0;
        float avgscore=calculate(a)/a.length;
        for(int i=0;i < a.length;i++){
            if(a[i]> avgscore){
                count++;
            }
        }
        float b[]=new float[count];            //确定数组的长度为count的值
        count=0;//count 初始化为 0
        for(int i=0;i < a.length;i++){          //筛选高于平均分的学生成绩到b数组
            if(a[i]> avgscore){
                b[count]=a[i];
                count=count+1;
            }
        }
        return b;
    }//获取结束

    public static void visitAllArray(float a[]){     //遍历数组
        for(int i=0;i < a.length;i++){
            System.out.print(a[i]+" ");
        }//循环输出数组
        System.out.println();
    }

    public static void main(String[]args){
        System.out.println("计算本组成员的考试总分数");
        float a[]={ 94.5f, 89.0f, 79.5f, 64.5f, 81.5f, 73.5f };
        visitAllArray(a);
        float totalscore=calculate(a);
        System.out.println("考试总分数:"+totalscore+"平均分:"+totalscore/a.length);
        System.out.print("高于平均分的是:");
        visitAllArray(getHighScore(a));
    }
}
```

【知识拓展】

在实践操作中，解决问题的程序使用的是较简单的一维数组，在本部分我们学习一个使用一维数组和二维数组的综合实例。

【实例9-1-7】设计一个学生成绩管理系统，定义一个一维数组存储10个学生名字；定义一个二维数组存储这10个学生的6门课（C程序设计、物理、英语、高数、体育、政治）的成绩。程序应具有下列功能。

1）按名字查询某位同学的成绩。
2）查询某个科目不及格的人数及学生名单。

其中，存储学生的名字用字符串数组name表示，数据如下。

{"a","b","c","d","e","f","g","h","i","l"};

存储学生各科成绩用二维整数数组grade表示，数据如下。

{{50,60,70,80,90,10},{40,90,80,60,40,70},{60,80,70,60,40,90},{50,60,70,80,90,10},{60,80,70,60,40,90},{60,70,80,90,70,70},{60,80,70,60,40,90},{60,80,70,60,40,90},{70,80,90,70,70,70},{60,80,70,60,40,90}};

核心代码如下。

```java
import java.util.* ;
public class ArraySortComprehen {
    public static void main(String[]args){
        Scanner input=new Scanner(System.in);
        String[]name={ "a", "b", "c", "d", "e", "f", "g", "h", "i", "l" };
        //存储学生的名字
        int[][]grade={ { 50, 60, 70, 80, 90, 10 },
            { 40, 90, 80, 60, 40, 70 }, { 60, 80, 70, 60, 40, 90 },
            { 50, 60, 70, 80, 90, 10 }, { 60, 80, 70, 60, 40, 90 },
            { 60, 70, 80, 90, 70, 70 }, { 60, 80, 70, 60, 40, 90 },
            { 60, 80, 70, 60, 40, 90 }, { 70, 80, 90, 70, 70, 70 },
            { 60, 80, 70, 60, 40, 90 } };//存储学生各科成绩
        System.out.println("输入要查询成绩的学生名字:");
        String chioce=input.nextLine();
        for(int i=0;i < name.length;i++){
            if(name[i].equals(chioce)){
                System.out.println("学生:"+name[i]+" 的成绩如下:");
                System.out.println("C程序设计:"+grade[i][0]+" 物理:"
                + grade[i][1]+" 英语:"+grade[i][2]+" 高数:"
                + grade[i][3]+" 体育:"+grade[i][4]+" 政治:"
```

```
                    + grade[i][5]+ "\n");
                break;
        }
}
System.out.println("输入要查询不及格人数的科目序号\n");
System.out.println("1,C程序设计 2,物理 3,英语 4,高数 5,体育 6,政治");
int ch=input.nextInt();
int time=0;
System.out.println("不及格的名单为:");
for(int i=0;i < name.length;i++){
    if(grade[i][ch-1]< 60){
        time++;
        switch(i){
            case 0:
            System.out.println("a");
            break;
            case 1:
            System.out.println("b");
            break;
            case 2:
            System.out.println("c");
            break;
            case 3:
            System.out.println("d");
            break;
            case 4:
            System.out.println("e");
            break;
            case 5:
            System.out.println("f");
            break;
            case 6:
            System.out.println("g");
            break;
            case 7:
            System.out.println("h");
            break;
            case 8:
            System.out.println("i");
            break;
            case 9:
```

```
                    System.out.println("1");
                    break;
                }
            }
        }
        System.out.println("该科目不及格人数为:"+time);
    }
}
```

程序输出结果如下。

```
输入要查询成绩的学生名字:
a
学生:a 的成绩如下:
C程序设计:50 物理:60 英语:70 高数:80 体育:90 政治:10
输入要查询不及格人数的科目序号
1,C程序设计 2,物理 3,英语 4,高数 5,体育 6,政治
1
不及格的名单为:
a
b
d
该科目不及格人数为:3
```

【巩固训练】

## 数列求和与菜蔬游戏程序编写

### 1. 实训目的

1)掌握Java中数组的声明、创建、初始化和使用。
2)理解数组的复制。

### 2. 实训内容

有一个数列：8，4，2，1，23，344，12。实现以下功能。
1)循环输出数列的值。
2)求数列中所有数值的和。
3)猜数游戏：从键盘中任意输入一个数据，判断数列中是否包含此数。

# PROJECT 10 项目 ⑩

# 天气预报

## 学习目标

1. 掌握字符串长度计算、比较、连接、提取、查询。
2. 掌握分隔字符串、大小写转换等操作的方法。
3. 掌握 StringBuffer 对象的常用方法 append()、delete() 等。
4. 理解 String 和 StringBuffer 的区别。

## 任务 ▶ 实现天气预报信息处理

### 【任务描述】

设计实现一个天气预报的数据处理功能,能提供在线的信息编辑处理,如插入、删除、修改,以及查找、替换等。对天气预报数据进行处理,要求如下。

1)将每日的天气用字符串数组表示。
2)将每日的天气用转为可编辑字符串数组表示。
3)将每日的天气每个空格处替换为",",在日期前加序号"1、""2、"等。
4)获得第5日夜间的温度。

运行结果如下。

5日星期一,白天,多云,高温11℃,微风,夜间,晴,低温2℃,微风
6日星期二,白天,晴,高温15℃,微风,夜间,晴,低温4℃,微风
1、5日星期一,白天,多云,高温11℃,微风,夜间,晴,低温2℃,微风3级
2、6日星期二,白天,晴,高温15℃,微风,夜间,晴,低温4℃,微风3级
5日夜间温度:温度:2℃

## 10.1 创建 String 字符串

Java 中字符串是一连串的字符。但是,与许多其他的计算机语言将字符串作为字符数组处理不同,Java 将字符串作为 String 类型对象来处理。将字符串作为内置的对象处理允许 Java 提供十分丰富的功能特性,以方便处理字符串。字符串是由字符组成的序列,用双引号引起来。Java 语言提供了两种字符串类,一类是不可变的字符串 String,另一类是可变的字符串 StringBuffer。创建字符串方式归纳起来有 3 种。

第一种,使用 new 关键字创建字符串。

例如:

```
String s1=new String("星期一");
```

第二种,直接指定。

例如:

```
String s2="星期一";
```

第三种，使用串联生成新的字符串。

例如：

```
String s3="星期一"+"白天";
```

## 10.2　String 类的常用操作

String 类包括的方法有计算字符串长度、比较字符串、搜索字符串、提取子字符串等。String 表示一个 UTF-16 格式的字符串。

### 1. 计算字符串长度

使用 length()方法获得字符串中字符的个数。

例如：

```
String title="星期一";
System.out.println(title.length());
```

输出得到字符串的长度为：3。

### 2. 比较两个字符串对象的内容

使用 equals(Object anObject)方法比较此字符串与指定的对象 anObject。当且仅当该参数不为 null，并且是表示与此对象相同字符序列的 String 对象时，结果才为 true。

例如：

```
String title1="星期一";
String title2="星期二";
System.out.println(title1.equals(title2))
```

输出 false。

### 3. 获得指定位置的字符

使用方法 charAt(int index)返回指定索 index 引处的 char 值。索引范围为从 0 到 length()-1。序列的第一个 char 值在索引 0 处，第二个在索引 1 处，以此类推，这类似于数组索引。

例如：

```
String title="星期一";
System.out.print(title.charAt(0));                    //输出字符"星"
System.out.print(title.charAt(title.length()-1));     //输出字符"一"
```

### 4. 返回字符串第一次出现的位置

使用 indexOf(String str)方法返回第一次出现的指定子字符串 Str 在此字符串中的索引。

例如：

```
String title="青青河边草";
title.indexOf("河边");                    //得到"河边"字符串的位置是 2
```

### 5. 获取子串

使用 substring(int beginIndex, int endIndex) 方法返回一个新字符串，它是此字符串的一个子字符串。该方法中的 beginIndex 表示截取的起始索引，截取的字符串中包括起始索引对应的字符；endIndex 表示结束索引，截取的字符串中不包括结束索引对应的字符。

例如：

```
String title="青青河边草";
title.substring(2,4);                    //获得内容为"河边"的子字符串
```

### 6. 拆分字符串

使用 split(String regex) 方法按照给定正则表达式 regex 拆分此字符串。

例如：

```
String title="青青 河边草";
String data[]=new String[2];
title.split(" ");
System.out.println(data[0]);
System.out.println(data[1]);
```

输出"青青"和"河边草"。

### 7. 忽略前导空白和尾部空白

使用 trim() 方法返回字符串的副本，忽略前导空白和尾部空白。

例如：

```
String greeting="你好！";
String name="王先生";
String title=greeting.trim()+name;        //title 为：你好！王先生
```

### 8. 替换旧的字符为新字符

使用 replace(char oldChar, char newChar) 方法返回一个新的字符串，它是用 newChar 替换此字符串中出现的所有 oldChar 得到的。

例如：

```
String title="今天天气晴朗";
title.replace('晴朗','多云');
```

### 9. StringBuffer 对象的创建

StringBuffer 类和 String 类一样，也用来代表字符串，只是因为 StringBuffer 的内部实现方式

和 String 不同，所以 StringBuffer 类在进行字符串处理时，不生成新的对象，在内存使用上要优于 String 类。因此，在实际使用时，如果经常需要对一个字符串进行修改，如插入、删除等操作，使用 StringBuffer 类要更加适合一些。但是，StringBuffer 对象的每次修改都会改变对象自身，这点是其和 String 类的最大区别。StringBuffer 类位于 java.lang 基础包中，因此要使用它的话不需要特殊的引入语句。

## 10.3　StringBuffer 类的常用方法

### 1. StringBuffer()

StringBuffer 类的构造方法构造一个其中不带字符的字符串缓冲区，其初始容量为 16 个字符。创建了不包含任何文本的对象，默认的容量是 16 个字符。

例如：

```
StringBuffer sb=new StringBuffer();
```

### 2. StringBuffer(String str)

使用该方法构造一个字符串缓冲区，并将其内容初始化为指定的字符串 Str。

例如：

```
StringBuffer sb1=new StringBuffer("123");
```

### 3. append(String str)

使用该方法将指定的字符串 Str 追加到此字符序列。

例如：

```
String user="test";
StringBuffersqlquery=new StringBuffer("select* from userInfo where username=");

sqlquery.append(user);
System.out.println(sqlquery.);
```

输出：select * from userInfo where username=test。

### 4. insert(int offset, String str)

使用该方法将字符串 str 插入字符序列中。该方法中 offset 表示偏移量，用于指定字符串 Str 插入的位置。

例如：

```
String title="今天晴朗";
title.insert(2,"天气");
```

输出的 title 信息为"今天天气晴朗"。

### 5. toString()

使用该方法返回此序列中数据的字符串表示形式。

例如：

```
StringBuffer sb2=new StringBuffer(s);    //String 转换为 StringBuffer
String s1=sb1.toString();                //StringBuffer 转换为 String
```

### 6. replace(int start, int end, String str)

使用该方法将字符串中的从 start 开始到 end-1 结束的字符串替换为子字符串 str。

例如：

```
String title="今天天气晴朗";
title.replace(0,2,"明天");
System.out.print(title);
```

输出的 title 信息是"明天天气晴朗"。

### 7. substring(int start, int end)

使用该方法将字符串中的从 Start 开始到 end-1 结束的字符串作为一个新的 String 返回。

例如：

```
StringBuffer sbx4=new StringBuffer("hello world!");
System.out.println(sbx4.substring(6,11).toString());
```

输出结果为 world。

### 8. delete(int start, int end)

使用该方法移除此序列中从 Start 开始到 end-1 结束的子字符串。

例如：

```
StringBuffer sbx1=new StringBuffer("TestString");
sbx1.delete(0,4);
System.out.println(sbx1);
```

输出结果为 Test。

## 10.4 实践操作：天气预报信息处理程序设计

### 1. 实现思路

字符串 String 提供了很多方法以求长度、查找、替换、去掉首尾空格等。StringBuffer 提供了追加和删除、插入操作。解决问题的步骤：先定义一个变量存放字符串，然后使用字符串

的相关方法实现。定义一个 StringBuffer 类型的变量来编辑处理天气信息字符串。

1）打开 Eclipse，创建一个类 WeatherForcast。

2）声明一个 String 类的对象 WeatherForcast。

3）利用 String 类实现求长度、查找子字符串，并将天气预报的内容按天分为两个 String 对象。

4）用数组表示两个 String 对象。

5）利用 String 类实现查找、替换、获取长度等操作。

6）利用 StringBuffer 实现追加和删除等操作。

## 2. 程序代码

```
public class WeatherForcast {
    public static String[]splite(String weatherData, String dateOfWeather){
        String eachDayOfReport[]=new String[2];          //存放每天的天气情况
        eachDayOfReport=weatherData.split(dateOfWeather);
        eachDayOfReport[1]=dateOfWeather+eachDayOfReport[1];
        return eachDayOfReport;
    }
    public static void getNightTemperature(String data, String night){
        int begin=data.indexOf(night);
        int end=0;
        for(int i=0;i < 3;i++){
            begin=data.indexOf(",", begin+1);
            end=data.indexOf(",", begin+1);
        }
        System.out.println("温度:"+data.substring(begin+1, end));
        //显示夜间温度
    }  //获得夜间温度

    public static void main(String[]args){
        String weatherforcast="5 日星期一,白天,多云,高温 11℃,微风" +
            "夜间,晴,低温 2℃,微风"+
            "6 日星期二,白天,晴,高温 15℃,微风"+"夜间,晴,低温 4℃,微风";
        String eachDayOfReport[]=new String[2];           //存放每天的天气
        eachDayOfReport=splite(weatherforcast, "6 日");
        for(int count=0;count < eachDayOfReport.length;count++)
            System.out.println(eachDayOfReport[count]);
        StringBuffer stb[]={ new StringBuffer(eachDayOfReport[0]),
            new StringBuffer(eachDayOfReport[1])};
        //创建可编辑字符串数组
        for(int i=0;i < stb.length;i++){
```

```
            String modifiedText=(stb[i].toString()).replaceAll(" ",",");
            stb[i].replace(0, stb[i].capacity(), "");
            stb[i].append(modifiedText);                    //追加修改后的文本
            stb[i].append("3级");                           //追加微风3级
            int b=stb[i].toString().indexOf("℃");
            stb[i].delete(b, b+"℃".length());              //删除第一个℃
            stb[i].insert(0, Integer.toString(i+1)+ "、");   //插入序号
            System.out.println(stb[i].toString());
        }
        System.out.print("5日夜间温度:");
        getNightTemperature(stb[0].toString(),"夜间");        //获得5日夜间温度
    }
}
```

## 【知识拓展】

Java语言提供了专门用来分析字符串的类StringTokenizer(位于java.util包中)。该类可以将字符串分解为独立使用的单词,这些单词被称为语言符号。语言符号之间由定界符(delim)或者空格、制表符、换行符等典型的空白字符来分隔。其他的字符同样可以设定为定界符。

StringTokenizer类的构造方法如下。

```
StringTokenizer(String str,String delim)
```

该方法为字符串str构造一个字符串分析器,并使用字符串delim作为定界符。

StringTokenizer类的主要方法及功能如下。

1) String nextToken()用于逐个获取字符串中的语言符号(单词)。

2) boolean hasMoreTokens()用于判断所要分析的字符串中是否有语言符号,如果有则返回true,反之返回false。

3) int countTokens()用于得到所要分析的字符串中一共含有多少个语言符号。

【实例10-1-1】使用StringTokenizer统计单词的个数。

```
import java.util.StringTokenizer;
public class WordCounting {
    public static void main(String[]args){
        int count=0;
        String content="This is a test. Please be honesty!";
        StringTokenizer st=new StringTokenizer(content, ".!");
        while(st.hasMoreTokens()){
            System.out.println(st.nextToken());
```

```
            count++;
        }
        System.out.println("单词个数:"+count);
    }
}
```

该程序产生的输出如下。

```
This
is
a
test
Please
be
honesty
单词个数:7
```

【巩固训练】

## 对输入的 Java 源文件名及邮箱有效性的检测编程实现

### 1. 实训目的

1）掌握 Java 中字符串的创建和使用。

2）熟悉字符串的常见操作及方法。

3）熟悉 StringBuffer 类的方法。

### 2. 实训内容

使用作业提交系统提交 Java 作业时，需要输入 Java 源代码文件名，并输入自己的邮箱，提交前对 Java 文件名及邮箱有效性进行检查。

编写代码实现对输入的 Java 源文件名及邮箱有效性的检测。

# PROJECT 11 项目 ⑪

## 实现除法计算

### 学习目标

1. 理解异常的概念和分类。
2. 掌握使用 try-catch-finally 语句结构。
3. 理解 finally 语句的用法。

## 任务 ▶ 实现一个除法计算器

【任务描述】

编写一个除法计算器，程序要求在出现除数为零和除数、被除数中有一个不是数字的情况时进行相应的处理。当调用存放在数组中的计算结果时，数组有可能产生索引越界，对这种情况进行捕捉和处理。其运行结果如下。

```
请输入除数:0
请输入被除数:10
异常2:除数不能为零！
最后要执行的内容5！
```

## 11.1 异常概念及处理机制

在生活中，发生异常我们懂得如何处理，那么在 Java 程序中，又是如何处理异常的呢？异常处理就像我们针对平时可能会遇到的意外情况，预想好的一些处理的办法。也就是说，在程序执行代码的时候，万一发生了异常，程序会按照预定的处理方法对异常进行处理，异常处理完毕之后，程序继续运行。但异常处理的机制需要落实到具体的处理代码上，Java 的异常处理方法有两种："捕捉异常"的异常处理方法对受检异常、运行时异常均适用，捕捉异常处理语句是 try…catch；"上报异常"是当前的代码不能处理产生的异常，将异常交给调用它的上级进行处理的异常处理方法。

## 11.2 异常的分类

Java 异常分为系统异常和自定义异常。

### 1. 系统异常

在 Java 的系统异常中，Throwable 是它们的父类，其子类有 Error 和 Exception。前者表示程序运行时发生的内部异常，程序员无法处理。后者是程序运行和环境产生的异常，可以捕获和处理。在开发中遇到的异常绝大部分是 Exception 异常。

Java 中几个常见的异常如下。

1）RuntimeException，运行时异常，多数 java.lang 异常的根类。
2）SQLException，操作数据库异常。
3）ArithmeticException，当出现异常算术条件时产生。
4）NullPointerException，当应用程序企图使用需要的对象处为空时产生。
5）ArrayIndexOutOfBoundsException，数组下标越界时产生。
6）ArrayStoreException，当程序试图存储数组中错误的类型数据时产生。
7）FileNotFoundException，试图访问的文件不存在时产生。
8）IOException，由一般输入/输出（I/O）故障引起的异常，如读文件故障。
9）NumberFormatException，当把字符串转换为数值型数据失败时产生。
10）OutOfMemoryException，内存不足时产生。
11）StackOverflowException，当系统的堆栈空间用完时产生。
12）AWTError，AWT 组件出错。
13）VirtualMachineError，虚拟机错误。

系统异常的分类如图 11-1-1 所示。

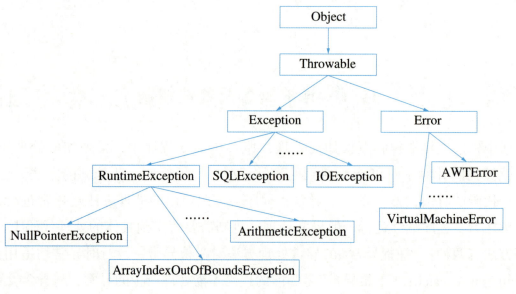

图 11-1-1　系统异常的分类

### 2. 自定义异常

Java 内置的异常处理机制能够处理大多数常见的运行时错误，但也可以自己定义。自定义异常用于处理系统异常无法捕获的异常。

## 11.3　异常的捕获与处理

捕获处理方式主要是使用 try-catch，将可能出现的错误用 try 语句包绕，当 try 中的语句出现异常时，就停止当前程序的执行，转入 catch 中执行语句处理异常。也就是说，try 语句用来发现异常，而 catch 语句用来处理异常。

## 1. catch 语句的结构格式

异常处理语句的结构格式如下。

```
try{
    程序代码
}catch(异常类型1 异常的变量名1){
    程序代码
}catch(异常类型2 异常的变量名2){
    程序代码
}finally{
    程序代码
}
```

注意：catch 语句的参数包括一个异常类型和一个异常对象，异常对象必须为 Throwable 的子类，指明 catch 语句可以处理的异常类型。catch 语句可以有多条，分别处理不同类型的异常。一条 catch 语句也可以捕捉多个异常类型，此时，catch 的异常类型参数应该是这些异常类型的父类。

【实例11-1-1】输入一个整数并计算该整数是奇数还是偶数。

```java
import java.util.Scanner;
public class InputException {
    public static void main(String args[]){
        int input=0;
        Scanner s=new Scanner(System.in);
        System.out.println("请输入一个整数:");
        try {
            input=s.nextInt();
            if(input % 2==0){
                System.out.println("输入整数为偶数!");
            } else {
                System.out.println("输入整数为奇数!");
            }
        } catch(InputMismatchException e){
            System.out.println("输入类型不正确!");
        }
    }
}
```

该程序产生的输出如下。

```
请输入一个整数:
    4
输入整数为偶数!
```

## 2. 多条 catch 语句

当某个程序块可能出现多个异常时，可以用多条 catch 语句，每条 catch 语句捕获一种异常，捕获异常的顺序和 catch 语句的顺序有关，当捕获到一个异常时，剩下的 catch 语句就不再进行匹配。

【实例 11-1-2】从键盘输入一个 double 类型的数字。如果给出的不是 double 类型的会产生异常。

```java
import java.util.Scanner;
public class StringToDouble {
    public static void main(String[]args){
        Scanner in=new Scanner(System.in);
        try {
            String str=in.nextLine();
            double doub=Double.parseDouble(str);
        } catch(NumberFormatException ne){
            System.out.println("异常1:");
            ne.printStackTrace();
        } catch(Exception e){
            System.out.println("异常2:");
            e.printStackTrace();
        } finally {
            System.out.println("异常处理完备");
        }
    }
}
```

该程序产生的输出如下。

```
56.o
异常1:
异常处理完备
```

**注意**：在安排 catch 语句的顺序时，首先应该捕获最特殊的异常，然后逐渐一般化，也就是一般先安排子类，再安排父类。

## 3. finally 语句

不管 try 还是 catch 语句出现异常，finally 语句都会执行。finally 语句是为异常处理事件提供的一个清理机制，一般用来关闭文件或释放其他系统资源。try-catch-finally 结构中可以没有 finally 语句，如果存在 finally 语句，无论 try 块中是否发生异常，是否执行过 catch 语句，都执行 finally 语句。

【实例 11-1-3】从键盘接收一个整数数字，无论发生异常与否，都会执行 finally 语句。

```java
import java.util.Scanner;
public class FinallyDemo {
    public static void main(String[]args){
        try {
            System.out.print("输入一个正整数:");
            Scanner s=new Scanner(System.in);
            int data=s.nextInt();
        } catch(Exception e){
            System.out.println(e);
        } finally {
            System.out.print("finally 语句块!");
        }
    }
}
```

该程序产生的输出如下。

```
输入一个正整数:u
java.util.InputMismatchException
finally 语句块!
```

## 11.4 实践操作：除法计算器程序设计

### 1. 实现思路

输入两个数，使两个数相除。但在程序运行时会产生很多意想不到的输入问题，如输入数中出现了字母、特殊符号等，程序无法正确运行下去。本任务采用异常捕获和处理技术保证程序的健壮性。

1）打开 Eclipse，创建一个类。

2）在类 main() 方法中输入两个数。

3）输入的两个数及这两个数在相除时会产生异常，对这段代码进行异常处理。

4）编写测试类，运行程序。

### 2. 程序代码

```java
import java.util.InputMismatchException;
import java.util.Scanner;
public class Divider {
    public static void main(String[]args){
        int result[]={ 0, 1, 2 };
        int oper1=0;
```

```
        int oper2=0;
        Scanner in=new Scanner(System.in);
        try {
            System.out.print("请输入除数:");
            oper1=in.nextInt();
            System.out.print("请输入被除数:");
            oper2=in.nextInt();
            result[2]=oper2/oper1;
            System.out.println("计算结果:"+result[3]);
        } catch(InputMismatchException e1){
            System.out.println("异常1:输入不为数字!");
        } catch(ArithmeticException e2){
            System.out.println("异常2:除数不能为零!");
        } catch(ArrayIndexOutOfBoundsException e3){
            System.out.println("异常3:数组索引越界!");
        } catch(Exception e4){
            System.out.println("其他异常4:"+e4.getMessage());
        } finally {
            System.out.println("最后要执行的内容5!");
        }
    }
}
```

## 【知识拓展】

在使用try-catch-finally处理异常时也会通过Exception对象追踪错误信息，下面是几个常用的方法。

1）printStackTrace()：其追踪输出至标准错误流。

【实例11-1-4】输入课程代号1~3，得到代号对应的课程。

```
import java.util.Scanner;
public class TestException1 {
    public static void main(String[]args){
        System.out.print("请输入课程代号(数字1~3):");
        Scanner in=new Scanner(System.in);
        try {
            int courseCode=in.nextInt();

        } catch(Exception ex){
            System.out.println("输入不为数字!");
```

```
            ex.printStackTrace();
        } finally {
            System.out.println("欢迎提出建议!");
        }
    }
}
```

该程序产生的输出如下。

```
请输入课程代号(数字1~3):1
输入不为数字!
欢迎提出建议!
java.util.InputMismatchException
    at java.util.Scanner.throwFor(Unknown Source)
    at java.util.Scanner.next(Unknown Source)
    at java.util.Scanner.nextInt(Unknown Source)
    at java.util.Scanner.nextInt(Unknown Source)
    at TestException1.main(TestException1.java:7)
```

2) getStackTrace()：返回堆栈跟踪元素的数组，每个元素表示一个堆栈帧。数组的第零个元素(假定数据的长度为非零)表示堆栈顶部，它是序列中最后的方法调用。该方法会输出详细异常，如异常名称、出错位置等，便于调试。

3) getMessage()：返回此该异常的详细消息字符串。利用此方法只会获得具体的异常名称，如 NullPoint 空指针。此方法只输出空指针。

【巩固训练】

# 异常处理练习(1)

## 1. 实训目的

1) 掌握 Java 的异常处理机制。

2) 掌握运用 try、catch、finally 处理异常。

## 2. 实训内容

编写一个类 ExceptionTest，在 main() 方法中使用 try、catch、finally 关键字实现以下功能。

1) 在 try 块中，编写被两个数相除操作，其中除法的两个操作数要求运行时用户输入。

2) 在 catch 块中，捕获被 0 除所产生的异常，并且输出异常信息。

3) 在 finally 块中，输出一条语句。

# PROJECT 12 项目 12

## 计算最大公约数

### 学习目标

1. 掌握自定义异常的创建和实现抛出的方法。
2. 掌握 throw 语句的使用。
3. 掌握 throws 语句的使用。
4. 理解 throws 和 throw 的区别。

## 任务 实现一个最大公约数计算器

【任务描述】

在数学计算或数字分析中，经常会遇到计算两个数的最大公约数的问题。输入两个正整数，当两个数字有一个不是正整数时会产生异常。当输入非整数数字时，也产生异常。输入无错误后，可计算两个数的最大公约数。其运行结果如下。

```
请输入数字m:4
请输入数字n:26
4 和 26 的最大公约数 2
数字-12 或 22 不是正整数
```

## 12.1 自定义异常

Java 内置的异常能够处理大多数常见的运行时错误，但用户也可以自己定义，自定义异常通常通过重载 Exception 构造方法来得到。创建自定义异常是为了表示应用程序的一些错误类型，为代码可能发生的一个或多个问题提供新含义。如果 Java 提供的系统异常类型不能满足程序设计的需求，我们可以设计自己的异常类型。用户定义的异常类型必须是 Throwable 的直接或间接子类。Java 推荐用户的异常类型以 Exception 为直接父类。创建用户异常的格式如下。

```
class 异常类名 extends Exception
{
    public 异常类名(String msg)
    {
        super(msg);
    }
}
```

注解：

1）使用关键字 extends 继承异常类 Exception，创建自己的异常类。

2）自定义异常的构造方法中参数 msg 用来给自定义异常命名。super 方法给其父类赋名称。

【实例 12-1-1】定义一个自定义非整数异常。

```
class NopositiveException extends Exception{
    String message;
    NopositiveException(int m, int n){
        message="数字"+m+"或"+n+"不是正整数";
    }
    public String toString(){
        return message;
    }
}
```

## 12.2　抛出异常 throw

在程序设计时有些异常不是系统可以判定的，当逻辑条件满足某种特定情况时，要主动（手动）抛出异常，即使用 throw 语句抛出异常。它的基本格式如下。

```
throw 异常实例对象；
```

这里异常实例对象一定是 Throwable 类或者它的一个子类。例如：

```
throw new NopositiveException();                    //抛出非整数异常
throw newArrayIndexOutOfBoundsException();          //抛出一个数组越界异常
```

## 12.3　上报异常 throws

如果一个方法可以导致一个异常但不处理该异常，就可以使用 throws 语句来声明该异常，其基本语法格式如下。

```
返回值　方法名(参数列表)　throws 异常列表
```

throws 语句列举了一个方法可能出现的所有异常类型，各个异常类型之间用逗号隔开。

【实例 12-1-2】调用方法在控制台获得一个整数，通过 getData() 方法上报异常，在 main() 方法中捕获异常。

```
import java.util.*;
public class ThrowsDemo {
    public static void getData()throws NumberFormatException {
        throw new NumberFormatException();
        //格式不正确上报异常
    }
    public static void main(String[]args){
```

```
        try {
            getData();
        } catch(Exception e){
            System.out.println(e);
        }
    }
}
```

该程序产生的输出如下。

```
java.lang.NumberFormatException
```

## 12.4 实践操作：最大公约数计算器设计

### 1. 实现思路

分别输入两个整数可以用 java.util.Scanner 的 nextInt()方法。但在程序运行时会产生很多意想不到的输入问题，如输入的数字带小数或非数字、特殊符号等，以及求公约数的数字为负数，程序的运行就不正确了，严重时程序发生中断，无法正确运行下去。要保证程序的健壮性，可以采用异常捕获和处理技术。

1）打开 Eclipse，创建一个类 MaxFactor。

2）在类中定义一种方法，完成最大公约数的计算，声明该方法会抛出什么异常，同时在该方法内人为抛出一个异常对象。

3）在 main()方法中调用定义的方法，并且捕获方法抛出的异常，并进行处理。

### 2. 程序代码

```
import java.util.Scanner;
class NopositiveException extends Exception        //自定义的异常信息
{
    String message;
    NopositiveException(int m, int n){
        message="数字"+m+"或"+n+"不是正整数";
    }
    public String toString(){
        return message;
    }
}
class Computer {
    public int getMaxCommonDivisor(int m, int n) throws NopositiveException {
        if(n <=0 ||m <=0){
```

```java
            NopositiveException exception=new NopositiveException(m, n);
            throw exception;
        }
        if(m < n){
            int temp=0;
            temp=m;
            m=n;
            n=temp;
        }
        int r=m % n;
        while(r! =0){
            m=n;
            n=r;
            r=m % n;
        }
        return n;
    }
}
public class MaxFactor{
    public static void main(String args[]){//要输入的内容整数m=24,n=36
        int m=0, n=0, result=0;
        Computer a=new Computer();
        try {
            Scanner input=new Scanner(System.in);
            System.out.print("请输入数字m:");
            m=input.nextInt();
            System.out.print("请输入数字n:");
            n=input.nextInt();
            result=a.getMaxCommonDivisor(m, n);
            System.out.println(m+"和"+n+"的最大公约数 "+result);
            m=-12;
            n=22;
            result=a.getMaxCommonDivisor(m, n);
            System.out.println(m+"和"+n+"的最大公约数 "+result);
        } catch(NopositiveException e){
            System.out.println(e.toString());
        }
    }
}
```

【知识拓展】

下面我们以String类的charAt(int index)方法为例说明throws的用法。打开charAt()方法我们看到下列信息。

charAt：public char charAt(int index) 返回指定索引index处的char值。索引范围为从0到length()-1。序列的第一个char值位于索引0处，第二个位于索引1处，以此类推，这类似于数组索引。如果索引指定的char值是代理项，则返回代理项值。

指定者：接口CharSequence中的charAt。

参数：index，char值的索引。

返回：此字符串指定索引处的char值。第一个char值位于索引0处。

抛出：IndexOutOfBoundsException，index参数为负或小于此字符串的长度时抛出。

在最后一行显示抛出IndexOutOfBoundsException，也就是给定索引超范围会上报该实例对给定的字符串title求指定位置的字符类异常。

```java
import java.util.*;
public class AddedDemo {
    public static char getChar(String s) throws IndexOutOfBoundsException {
        char c=s.charAt(50);
        return c;
    }
    public static void main(String[] args){
        String title="阿里巴巴网络技术有限公司:通信地址:中国杭州市滨江区网商路699号滨江
            新园区";
        try {
            char gchar=getChar(title);
        } catch(IndexOutOfBoundsException e){
            System.out.println(e);
        }
    }
}
```

该程序产生的输出如下。

```
java.lang.StringIndexOutOfBoundsException:String index out of range:50
```

【巩固训练】

## 异常处理练习(2)

### 1. 实训目的
1）掌握 throw 抛出异常。
2）掌握 throws 声明异常。
3）掌握自定义异常。

### 2. 实训内容
给类的属性身份证号码 id 设置值，当给定的值长度为 18 时，赋值给 id，当值长度不为 18 时，抛出 IllegalArgumentException 异常，然后捕获和处理异常。请编写程序。

# PROJECT 13 项目 13

## 设计油耗计算器

### 学习目标

1. 了解 AWT、Swing 组件的使用方法。
2. 掌握 JLabel、JTextField、JButton 组件的使用方法。
3. 掌握常见 Swing 组件的特点。

## 任务 ▶ 实现一个油耗计算器

【任务描述】

用户在指定的区域输入加油钱数、汽车跑的公里数及汽油的价格,单击"计算"按钮,计算显示百公里油耗。

计算公式:百公里油耗(升) = 加油钱数/汽油的价格/汽车跑的公里数×100。运行结果如图 13-1-1 所示。

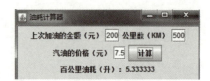

图 13-1-1 实现一个油耗计算器运行结果

Java 对图形用户界面(Graphical User Interface,GUI)的支持包括基本控件、界面容器、事件机制、布局设计、图形和图像等,并提供了大量的类来实现界面设计。可以实现图形界面的主要有抽象窗口工具集和 Swing 组件。

## 13.1 抽象窗口工具集

AWT 是 Abstract Window Toolkit 的缩写,称为抽象窗口工具集,它由 Java 中的 java.awt 包提供,是 Java 基础类的一部分。AWT 提供了构建用户界面的组件,如菜单、按钮、文本框、对话框、复选框等,可以根据图形界面组件的输入实现事件处理。此外,AWT 允许绘制图形、处理图像、控制用户界面的布局、字体显示,以及提供利用本地剪贴板实现数据传输类等具有辅助性质的类。AWT 中类与类之间的关系如图 13-1-2 所示,由 Component 类的子类或间接子类创建的对象称为一个组件(又称控件)。Java 把由 Container 的子类或间接子类创建的对象称为一个容器,可以把组件添加到容器中。

由于 AWT 属于重量级组件,消耗资源比较多、不同操作系统中外观也会有所不同,而且其功能受限于本地组件。为了克服这些缺点,Java 在 AWT 基础上,又提供了 Swing 组件。

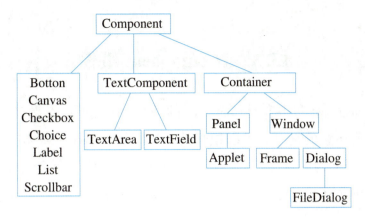

图 13-1-2　AWT 中类与类之间的关系

Botton—按钮；Canvas—画布；Checkbox—复选框；Choice—下拉菜单；Label—标签；List—列表框；Scrollbar—滚动条；TextComponent—文本组件；TextArea—文本域；TextField—文本框；Container—容器；Panel—面板；Window—窗口；Applet—小程序；Frame—框架；Dialog—对话框；FileDialog—文件对话框

## 13.2　Swing 组件简介

Swing 组件由 javax.swing 包提供，是内容丰富、功能强大的轻量级组件。其设计与 AWT 的设计不同，与显示和事件有关的许多处理工作由 Java 编写的 UI 类来完成。轻量级组件占用资源较少，效率较高，显示外观与平台无关，功能更强、更灵活。Swing 是纯 Java 语言实现的，并不依赖本地的工作平台。Swing 具有和 AWT 同性质的组件，如按钮等。从命名的角度来看，Swing 组件名第一个字母都为"J"，如 AWT 按钮组件命名为 Button，而 Swing 的按钮组件命名为 JButton。另外，Swing 还定义了其他具体应用的组件，如树组件、表组件和列表组件等。

> **小知识**
>
> Swing 组件与 AWT 组件的区别如下。
> 1）Swing 标签和按钮可以显示文本和图片，AWT 中同性质的组件只可以显示文本。
> 2）Swing 可以让用户定义组件的外观，AWT 组件的外观取决于本地操作系统。
> 3）Swing 具有良好的扩展性，用户可以扩展或定义组件，AWT 的扩展性较差。
> 
> AWT 组件仍被支持，但由于它受到本身条件的限制，在 GUI 用户界面组件应用范围缩小。Swing 组件在图形用户界面领域中应用更加广泛。但这并不意味着 AWT 集已经被 Swing 集完全取代。Swing 集只是基于 AWT 构架，提供更加强大的 GUI 组件而已。

## 13.3　JComponent 组件

JComponent 类是 java.awt 包中容器 Container 的子类,因此所有继承自 JComponet 类的轻量级组件也都是容器。需要注意的是,不可以把组件直接添加到 Swing 窗体中,应当把组件添加到 Swing 窗体所包含的一个称为内容面板的容器中。在 Swing 窗体的内容面板中,尽量只使用轻量组件,否则可能会出现意想不到的问题。Swing 窗体通过调用 public Container getContentPane() 方法得到它的内容面板。

## 13.4　JFrame 组件

JFrame 是与 AWT 中的 Frame 相对应的 Swing 组件,继承自 java.awt.Frame 类。JFrame 和 Frame 的功能也相当。JFrame 上面只能有一个唯一的组件,这个组件为 JRootPane,调用 JFrame.getContentPane() 方法可获得 JFrame 中内置的 JRootPane 对象。应用程序不能直接在 JFrame 实例对象上增加组件和设置布局管理器,而应该在 JRootPane 对象上增加子组件和设置布局管理器。JDK 5.0 之后,add(Component comp) 和 setLayout(LayoutManager l) 方法被重写,直接调用这两个方法也是在操作 JContentPane 对象。当用户单击 JFrame 的"关闭"按钮时,JFrame 会自动隐藏,但没有关闭,可以在 windowClosing 事件中关闭。更常用的方式是调用 JFrame 的方法来关闭 Swing 组件结构,如图 13-1-3 所示。

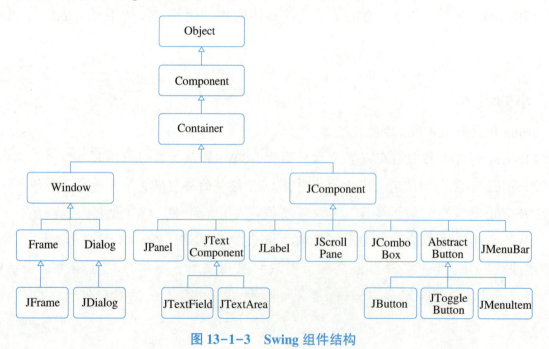

图 13-1-3　Swing 组件结构

【实例 13-1-1】演示 Swing 组件的用法。

提示:JFrame 类的用法有两种,一种是直接创建其对象并使用,另一种是继承 JFrame 类,创建其子类，再创建并使用其子类的对象。需要注意 Swing 组件和 AWT 组件外观上的差异。示例的核心代码如下所示。

```
class MyJWindow extends JFrame {//继承使用
    MyJWindow(){
        JButton btn=new JButton("轻组件按钮");
        JTextArea txt=new JTextArea("轻组件",20,20);
        ……
    }
}
```

主类定义如下。directUse() 表示直接使用 JFrame 类，inheritUse() 表示继承使用 JFrame 类，两个方法都可以显示窗口，但一次只能使用一个。

```
public class Example4_2 {//直接使用
    static void directUse(){
        JButton btn=new JButton("轻组件按钮");
        JTextArea txt=new JTextArea("轻组件", 20, 20);
        JFrame jfrm=new JFrame("根窗体");
        ……
    }
    ……
}
```

## 13.5 Swing 的其他常用组件

### 1. Jlabel 组件

Jlabel(标签)组件用于显示文本信息、图标或二者兼而有之。JLabel 组件不会对用户的输入做出反应。Jlabel 组件可以将显示内容垂直或水平显示，通常默认文本信息的显示状态为水平，而图标的显示状态为垂直。标签组件一般起到提示作用。

### 2. JTextField 组件

JTextField 组件用于创建文本框。文本框是用来接收单行文本信息输入的区域。通常文本框用于接收用户信息或其他文本信息的输入。在用户输入文本信息后，如果为 JTextField 对象添加事件处理，按【Enter】键会激发一定的动作。

JPasswordField 是 JTextField 的子类，是一种特殊的文本框，也是用来接收单行文本信息的输入的区域，但会用回显字符串代替输入的文本信息。因此，JPasswordField 组件又称密码文本框。JPasswordField 的默认的回显字符是"＊"，用户也可以自行设置回显字符。

### 3. JTextArea 组件

JTextArea 组件是文本区组件。它与 JTextField 一样能接收文本信息的输入并显示。与

JTextField 组件不同的是，JTextArea 对象可以多行输入与显示，突破了 JTextField 的单行的限制。但是，如果文本信息的行数超过文本区限定的行数，则超出的文本信息不能显示。为了解决这个问题，可以借助 JScrollPane(滚动窗格)组件。将文本区放置到滚动窗格中，就可以实现超出文本信息的滚动输出。类似的程序代码如 new JScrollPane( JTextArea 文本区对象)。

### 4. JButton 组件

JButton 是用来创建命令按钮的组件。JButton 对象具有这样的功能：当用户按下命令按钮，会激发一定的动作。JButton 创建的按钮可以具有图标和文本信息的内容，它们可以有效地提示及帮助用户操作。

### 5. JCheckBox 和 JRadioButton 组件

JCheckBox 组件可以用来创建具有文本和图标的复选框。这种复选框具有"选中"或"取消选中"状态，可以通过用户的选择来实现。通常，我们用多个复选框作为一组来表示多种组合条件，用户可以同时选择多个复选框。

JRadioButton 组件可以用来创建具有文本和图标的单选按钮，和 JCheckBox 组件一样，它也具有"选中"或"取消选中"状态。我们可以定义一个或多个单选按钮添加到一个 ButtonGroup 按钮组作为整体处理，只不过在任何情况下，只有一个单选按钮能均处于"选中"状态，其他单选按钮处于"非选中"状态中。我们一般定义多个单选按钮来表示多个条件选择一种的情况。

### 6. JComboBox 组件

JComboBox 组件用来创建组合框对象。一般根据组合框是否可编辑的状态，可以将组合框分成两种常见的外观。可编辑状态外观视为文本框和下拉列表的组合，不可编辑状态的外观可视为按钮和下拉列表的组合。在按钮或文本框的右边有一个带有三角符号的下拉按钮。用户单击该下拉按钮，可以出现一个内容列表。这也是组合框的得名。组合框通常用于从列表的多个项目中选择一个操作。

### 7. JList 组件

JList 组件用于定义列表，允许用户选择一个或多个项目。与 JTextArea 类似，JList 本身不支持滚动功能，如果要显示超出显示范围的项目，可以将 JList 对象放置到滚动窗格 JScrollPane 对象中。

## 13.6 实践操作：油耗计算器程序设计

### 1. 实现思路

定义一个油耗计算器窗口类，继承自窗体类 JFrame，并实现 ActionListener 接口。窗口中通过 JTextField 类添加 3 个文本条，通过 JButton 类添加计算按钮，通过 JLabel 类添加标签显示计算结果。通过实现 ActionListener 接口的 actionPerformed 方法响应用户单击按钮的操作。

1）设计油耗计算器窗口。

2）定义油耗计算器窗口类的构造方法。

3）定义 actionPerformed 单击动作处理方法。

4）定义 main() 主方法，创建对象并进行测试。

## 2. 程序代码

```java
public GasConsumption(){            //窗口界面构建代码
    Container con=getContentPane();
    con.setLayout(new FlowLayout());
    con.add(new JLabel("上次加油金额(元)"));
    usedMoney=new JTextField("200");
    con.add(usedMoney);
    con.add(new JLabel("公里数"));
    runKm=new JTextField("500");
    con.add(runKm);
    con.add(new JLabel("汽油的价格(元)"));
    gasPrice=new JTextField("7.5");
    con.add(gasPrice);
    calculate=new JButton("计算");
    con.add(calculate);
    calculate.addActionListener(this);
    gasConsumption=new JLabel();
    con.add(gasConsumption);
    //设置窗体的标题、大小、可见性及关闭动作
    setTitle("油耗计算器");
    setSize(340,260);
    setVisible(true);
    setDefaultCloseOperation(JFrame.EXIT_ON_CLOSE);
}
//"计算"按钮单击后执行的油耗计算代码
public void actionPerformed(ActionEvent e){
    float fMoney=Float.parseFloat(usedMoney.getText());
    float fKm=Float.parseFloat(runKm.getText());
    float fPrice=Float.parseFloat(gasPrice.getText());
    float fGas=fMoney/fPrice/fKm* 100;
    gasConsumption.setText("百公里油耗(升):"+fGas);
}
```

【知识拓展】

Swing 组件中除了包括上述组件外，还有一些其他组件，下面进行部分讲解。

### 1. JDialog

JDialog 类是 java.awt 包中 Dialog 类的子类。

常见构造方法如下。

JDialog()创建一个没有标题并且没有指定 Frame 所有者的无模式对话框。

JDialog(Frame owner, String title)创建一个具有指定标题 title 和指定 Frame 所有者 owner 的无模式对话框。

JDialog(Frame owner, boolean modal)创建一个没有标题但有指定 Frame 所有者 owner 的有模式或无模式对话框。参数 modal 用来指定 JDialog 对话框是模式对话框还是非模式对话框，默认情况下 modal 的值为 false，即非模式对话框。

JDialog(Dialog owner, String title)创建一个具有指定标题 title 和指定对话框所有者 owner 的无模式对话框。

JDialog(Dialog owner, boolean modal)创建一个没有标题但有指定对话框所有者 owner 的有模式或无模式对话框。

JDialog 的使用和 JFrame 类似，不可以把组件直接添加到 JDialog 中。JDialog 也含有一个内容面板，应当把组件添加到内容面板中。

### 2. JPanel

JPanel 组件定义的面板实际上是一种容器组件，用来容纳各种其他轻量级的组件。此外，用户还可以用这种面板容器绘制图形。

【实例 13-1-2】演示 JPanel 作为画布的用法。

```
class MyCanvas extends JPanel{
    public void paintComponent(Graphics g){
        super.paintComponent(g);
        g.setColor(Color.red);
        g.drawString("a JPanel used as canvas",50,50);
    }
}
```

### 3. JScrollPane

滚动窗口 JScrollPane 可以把一个组件放到一个滚动窗口中，然后通过滚动条来观察这些组件。

【实例 13-1-3】演示 JScrollPane 的使用方法。

提示：本程序显示一窗口，窗口中包含一个文本区域，如果输入的文字超出行、列显示范围，则自动显示水平和垂直的滚动条。

```
JButton btn=new JButton("ok");
JTextArea txt=new JTextArea(10,20);
JScrollPane scroll=new JScrollPane(txt);
Container con=getContentPane();
con.add(btn,BorderLayout.SOUTH);
con.add(scroll,BorderLayout.CENTER);
```

### 4. JSplitPane

JSplitPane 拆分窗口：拆分窗口就是被分成两部分的窗口，有水平拆分和垂直拆分两种。其构造方法如下。

```
JSplitPane(int newOrientation,boolean newContinuousLayout,Component newLeftComponent,Component newRightComponent);
JSplitPane(int newOrientation, Component newLeftComponent,Component newRightComponent);
```

newOrientation 取值为 JSplitPane.HORIZONTAL_SPLIT 或 JSplitPane.VERTICAL_SPLIT；newContinuousLayout 表示拆分线移动时组件是否连续变化；newLeftComponent、newRightComponent 表示窗口中的两个组件。

【实例 13-1-4】演示如何用 JSplitPane 拆分窗口。

```
JSplitPane split_one=new JSplitPane(JSplitPane.VERTICAL_SPLIT,true,btn1,btn2);
JSplitPane split_two=new JSplitPane(JSplitPane.HORIZONTAL_SPLIT,split_one,txt);
Container con=getContentPane();
con.add(split_two,BorderLayout.CENTER);
```

程序运行结果如图 13-1-4 所示。

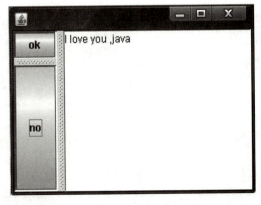

图 13-1-4 【实例 13-1-4】程序运行结果

### 5. JInternalFrame

内部窗体 JInternalFrame 用于在一个主窗口内显示一个或多个子窗口。每个子窗口都可以拖动、关闭、变成图标、调整大小、标题显示和支持菜单栏。使用时，需要先将子窗口对象添加到 JDesktopPane 中，再将 JDesktopPane 对象添加到主窗口的内容面板中。子窗口默认不可见，需要设置可见性和大小。构造方法如下。

```
public JInternalFrame(String title, boolean resizable,boolean closable,
    boolean maximizable,boolean iconifiable)
```

【实例 13-1-5】演示内部窗体 JInternalFrame 的使用方法。

```
Container con=getContentPane();
con.setLayout(new GridLayout(1,2));
btn1=new JButton("boy");
btn2=new JButton("girl");
JInternalFrame frm1=new JInternalFrame("内部窗体1",true,true,true,true);
frm1.getContentPane().add(btn1);
frm1.setSize(100,100);
frm1.setVisible(true);
JDesktopPane desk1=new JDesktopPane();
desk1.add(frm1);
JInternalFrame frm2=new JInternalFrame("内部窗体2",true,true,true,true);
frm2.getContentPane().add(btn2);
frm2.getContentPane().add(new JLabel("ookk"),BorderLayout.NORTH);
frm2.setSize(300,150);
frm2.setVisible(true);
JDesktopPane desk2=new JDesktopPane();
desk2.add(frm2);
con.add(desk1);
con.add(desk2);
```

程序运行结果如图 13-1-5 所示。

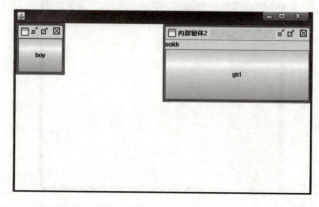

图 13-1-5 【实例 13-1-5】程序运行结果

除了上面介绍的一些组件外，还有一些常用组件，如计时器 Timer、进度条 JProgressBar、树形组件 JTree、表格 JTable、文本窗格 JTextPane、文件选择器 JFileChooser 等，有些组件会在后面的任务中用到，限于篇幅在这里就不做详细介绍了，读者如果感兴趣可以查看 JDK 帮助文档了解其使用方法。

【巩固训练】

## 设计一个电子邮箱地址注册的图形用户界面

### 1. 实训目的

1）掌握使用 JFrame 构造窗口的操作。
2）掌握使用 JPanel 构造容器对象的操作。
3）掌握使用基本组件构造 GUI 界面的操作。

### 2. 实训内容

利用 Java Swing 技术设计一个电子邮箱地址的图形用户界面应用程序，如图 13-1-6 所示。

图 13-1-6　电子邮箱注册界面

# PROJECT 14 项目 14

## 设计数学计算器界面

### 学习目标

1. 掌握 Java 布局管理方式和布局管理器。
2. 掌握常见布局方式的特点和使用方法。

项目14
设计数学计算器界面

## 任务 ▶ 设计一个计算器的界面

【任务描述】

编写一个类似于 Windows 操作系统自带的计算器程序，可以实现加、减、乘、除等基本数学运算。本任务只完成界面的设计和显示任务，用户操作响应和计算功能在项目 15 中完成。程序运行结果如图 14-1-1 所示。

图 14-1-1　设计一个计算器的界面运行结果

## 14.1　Java 布局管理

在实际编程中，我们每设计一个窗体，都要在其中添加若干组件。将加入容器的组件按照一定的顺序和规则放置，使之看起来更美观，这就是布局。Java 提供了一组用来进行布局管理的类，称为布局管理器或布局。所有布局都实现了 LayoutManager 接口。容器内组件的大小和位置由布局管理器控制，当容器大小发生改变时，可以自动调整，以尽量美观的方式适应容器的变化。

## 14.2　常见的布局管理器

常见的布局管理器包括 FlowLayout、CardLayout、GridLayout、BorderLayout、BoxLayout、GridBagLayout 等。如果不使用布局管理器，则称为自定义布局，又称为空布局或 Null 布局，容器内组件的大小和位置用绝对值指定，当容器大小发生改变时，不会改变。

**1. 网格布局**

网格布局是一种常用的布局方式，将容器的区域划分成矩形网格，每个矩形大小规格一致,组件可以放置在其中的一个矩形中。通过 java.awt.GridLayout 类创建网格布局管理器对象,实现对容器中的各组件的网格布局排列。具体的排列方向取决于容器的组件方向属性,组件方向属性有两种:从左向右和从右向左。用户可以根据实际要求设定方向属性,默认的方向是从右向左。

(1)创建网格布局

GridLayout 的构造方法如下。

1)GridLayout():创建默认的网格布局。每一个组件占据一行一列。

2)GridLayout(int rows,int columns):创建指定行数 rows 和列数 columns 的网格布局。

3)GridLayout(int rows,int columns,int hgap,int vgap):创建指定行数 rows 和列数 columns 的网格布局,并且指定水平间隔 hgap 和垂直间隔 vgap 的大小。

(2)GridLayout 的常见方法

GridLayout 的常见方法如表 14-1-1 所示。

表 14-1-1　GridLayout 的常见方法

| 方法 | 功能 |
| --- | --- |
| int getRows() | 获取行数 |
| void setRows(int) | 设置行数 |
| int getColumns() | 获取列数 |
| void setColumns(int) | 设置列数 |
| int getHgap() | 获取组件水平间隔 |
| void setHgap(int) | 设置组件水平间隔 |
| int getVgap() | 获取组件垂直间隔 |
| void setVgap() | 设置组件垂直间隔 |

例如,下面一段代码可实现图 14-1-2 所示的运行效果。

```
String str[]={"1","2","3","4","5","6","7","8","9"};
    setLayout(new GridLayout(3,3));
    Button btn[]=new Button[str.length];//创建按钮数组
    for(int i=0;i<str.length;i++){btn[i]=new Button(str[i]);add(btn[i]);
}
```

**2. 边界布局**

边界布局 BorderLayout 是窗口(JWindow)、框架(JFrame)和对话框(JDialog)等的默认布局。组件可被置于容器的北(上)、南(下)、东(右)、西(左)或中间位置。它可以对容器组件进行安排,并调整其大小,使其符合上述 5 个区域,每个区域最多只能包含一个组件,并通过 NORTH、SOUTH、EAST、WEST 和 CENTER 等常量进行标识。当使

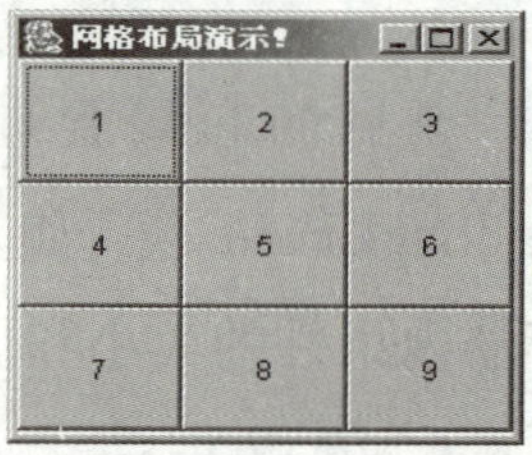

图 14-1-2　网格布局

用边界布局将一个组件添加到容器中时，要使用这 5 个常量之一。NORTH 和 SOUTH 组件可以在水平方向上进行拉伸；EAST 和 WEST 组件可以在垂直方向上进行拉伸；CENTER 组件在水平和垂直方向上都可以进行拉伸，从而填充所有剩余空间。

(1) 创建边界布局

下面是 BorderLayout 所定义的构造函数。

BorderLayout()：生成默认的边界布局。

BorderLayout(int horz, int vert)：可以设定组件间的水平距离 horz 和垂直距离 vert。

BorderLayout 类定义了几个常量值以指定相应区域：

BorderLayout.NORTH——对应容器的顶部。

BorderLayout.EAST——对应容器的右部。

BorderLayout.SOUTH——对应容器的底部。

BorderLayout.WEST——对应容器的左部。

BorderLayout.CENTER——对应容器的中部。

加入组件方法是 void add(Component Obj, int region)，表示在指定区域 region 加入相应组件 Obj。下面代码段可实现图 14-1-3 所示的运行效果。

```
setLayout(new BorderLayout());
    Button btnEast=new Button("东");
    Button btnWest=new Button("西");
    Button btnNorth=new Button("北");
    Button btnSouth=new Button("南");
    Button btnCenter=new Button("中");
    add(btnEast,BorderLayout.EAST);
    add(btnWest,BorderLayout.WEST);
    add(btnNorth,BorderLayout.NORTH);
    add(btnSouth,BorderLayout.SOUTH);
add(btnCenter,BorderLayout.CENTER);
```

图 14-1-3  边界布局

当窗口缩放时，组件的位置不发生变化，但组件的大小会相应改变。边界布局管理器给予南、北组件最佳高度，使它们与容器一样宽；给予东、西组件最佳宽度，而高度受到限制。

如果窗口水平缩放,南、北、中区域变化;如果窗口垂直缩放,东、西、中区域变化。

(2)BorderLayout 的常用方法

BorderLayout 的常用方法如表 14-1-2 所示。

表 14-1-2　BorderLayout 的常用方法

| 方法 | 功能 |
| --- | --- |
| void addLayoutComponent(Component,Object) | 按指定约束添加组件到布局 |
| int getHgap() | 获取组件水平间隔 |
| void setHgap(int) | 设置组件水平间隔 |
| int getVgap() | 获取组件垂直间隔 |
| void setVgap() | 设置组件垂直间隔 |

### 3. 流布局

类 FlowLayout 是流布局管理器。这种管理器的特点是,组件在容器内依照指定方向按照组件添加的顺序依次加入容器中。这个指定方向取决于 FlowLayout 管理器的组件方向属性。该属性有两种可能:从左到右方向和从右到左方向。在默认情况下,这个指定方向是从左到右的。

(1)创建流布局

下面是流布局 FlowLayout 所定义的构造函数。

FlowLayout():创建一个流布局管理器,居中对齐,默认的水平和垂直间隙是 5 个单位。

FlowLayout(int align):创建一个指定对齐方式 align 的流布局管理器,默认的水平和垂直间隙是 5 个单位。具体的对齐方式有居中对齐、左向对齐、右向对齐、容器开始的方向对齐(LEADING)及容器结束的方向对齐(TRAILING)。

FlowLayout(int align, int hgap, int vgap):创建一个流布局管理器,具有指定的对齐方式 align 及指定的水平间隔 hgap 和垂直间隔 vgap。

(2)FlowLayout 的常用方法

FlowLayout 的常用方法如表 14-1-3 所示。

表 14-1-3　FlowLayout 的常用方法

| 方法 | 功能 |
| --- | --- |
| int getAlignment() | 获取对齐方式 |
| void setAlignment(int) | 设置对齐方式 |
| void setHgap(int) | 设置组件水平间隔 |
| void setVgap() | 设置组件垂直间隔 |

### 4. 卡片布局

卡片布局管理器能将容器中的组件当成不同的卡片层叠排列,每次只能显示一张卡片。

每张卡片只能容纳一个组件。初次显示时，显示的是第一张卡片。卡片布局管理器是通过 AWT 的类 CardLayout 来创建的。

（1）创建卡片布局

CardLayout 的构造方法如下。

CardLayout()：创建一个间隔为 0 的卡片布局。

CardLayout(int hgap, int vgap)：创建一个指定水平间隔 hgap 和垂直间隔 vgap 的卡片布局。

（2）CardLayout 的常用方法

CardLayout 的常用方法如表 14-1-4 所示。

表 14-1-4　CardLayout 的常用方法

| 方法 | 功能 |
| --- | --- |
| void first(Container) | 翻转第一张卡片 |
| void next(Container) | 翻转下一张卡片 |
| void previous(Container) | 翻转上一张卡片 |
| void last(Container) | 翻转最后一张卡片 |
| void show(Container, String) | 翻转指定名称的卡片 |

## 14.3　实践操作：计算器界面设计

### 1. 实现思路

计算器界面整体布局采用 BorderLayout。在上部安放一个 JTextField 对象，作为结果显示区。中部和右部各安放一个 JPanel 对象，作为嵌套用的容器。中部 keyPanel 对象采用 GridLayout，设置为 5 行 3 列，每个单元格可以显示一个按钮，用于显示数字键盘、小数点等按钮。右部 operatorPanel 对象采用 GridLayout，设置为 4 行 1 列，显示加、减、乘、除 4 个按钮。

1）建立 Calculator 类指定超类 JFrame。

2）设置窗口布局为 BorderLayout。

3）在上部添加 JTextField 对象 result。

4）在中部添加 keyPanel 及其上面的按钮。

5）在右部添加 operatorPanel 及其上面的按钮。

6）书写 main() 方法测试。

## 2. 程序代码

```java
JButton jb;
JPanel jp=new JPanel();
jp.setLayout(new BorderLayout());
//创建文本条,不允许编辑,添加到窗口上方
result=new JTextField();
result.setEditable(false);
jp.add(result,BorderLayout.NORTH);
JPanel keyPanel=new JPanel();
keyPanel.setLayout(new GridLayout(5,3));
for(int i=1;i<=9;i++){
    jb=new JButton(""+i);
    keyPanel.add(jb);
}
jb=new JButton("0");
keyPanel.add(jb);
jb=new JButton("清空");
keyPanel.add(jb);
jb=new JButton("退格");
keyPanel.add(jb);
jb=new JButton(".");
keyPanel.add(jb);
jb=new JButton("=");
keyPanel.add(jb);
jp.add(keyPanel,BorderLayout.CENTER);
JPanel operatorPanel=new JPanel();
operatorPanel.setLayout(new GridLayout(4,1));
jb=new JButton("+");
operatorPanel.add(jb);
jb=new JButton("-");
operatorPanel.add(jb);
jb=new JButton("* ");
operatorPanel.add(jb);
jb=new JButton("/");
operatorPanel.add(jb);
jp.add(operatorPanel,BorderLayout.EAST);
//添加 JPanel 容器到窗体中
setContentPane(jp);
```

## 【知识拓展】

### 1. GridBagLayout

GridBagLayout 中组件大小不必相同，组件按行和列排列，放置顺序不一定为从左至右和由上至下，其显示效果如图 14-1-4 所示。通过使用以下语法，容器可获得 GridBagLayout 布局对象。

图 14-1-4　GridBagLayout 布局的显示效果

```
GridBagLayout gb=new GridBagLayout();
ContainerName.setLayout(gb);
```

要使用此布局，必须提供各组件的大小和布局等信息。GridBagConstraints 类中包含 GridBagLayout 类用来定位及调整组件大小所需的全部信息。

GridBagConstraints 类成员变量列表：gridx、gridy 指定组件放置于哪个单元中；gridwidth、gridheight 指定组件将占用多少行和多少列；weightx、weighty 指定在一个 GridBagLayout 中应如何分配空间，这两个变量的默认值为 0（组件挤在容器中间，1 则填满容器）；ipadx、ipady 指定组件的最小高度和宽度；fill 指定在单元大于组件的情况下，组件如何填充此单元，共有 4 可选值，默认值为 GridBagConstraints.NONE（HORIZONTAL、VERTICAL、BOTH），HORIZONTAL 表示水平填充，VERTICAL 表示垂直填充，BOTH 表示全填充；anchor 指定将组件放置在单元中的位置，共有 9 个可选值，默认值为 GridBagConstraints.CENTER。

Box 布局中组件排为一行或一列，组件再多也不会变为多行或多列，可使用支撑调整组件间距离，可使用胶水处理剩余空间。组件间隙有时可以通过直接设定实现，如网格布局和边界布局，组件水平和垂直间距默认值为 0，但可以通过相应的构造方法设定空隙，语句如下。

```
GridLayout(int rows,int cols,int hgap,int vgap);
Borderlayout(int hgap,int vgap);
```

rows 和 cols 分别为行数和列数；hgap 和 vgap 分别为组件间水平和垂直方向的空白空间。另外，在布局时还可以使用空隙类。空隙类的对象是一种占用空间却透明不可见的组件，用于控制组件之间的间隔，使组件之间可以更好地显示。空隙类的创建方法如下。

Component component=Box.createRigidArea(size)：方形空隙类。

Component component=Box.createHorizontalGlue(size)：水平空隙类。

Component component=Box.createHorizontalStrut(size)：水平空隙类，可以定义长度。

Component component=Box.createVerticalGlue(size)：垂直空隙类。

Component component=Box.createVerticalStrut(size)：垂直空隙类，可以定义高度。

### 2. 自定义布局

自定义布局又称空布局或 Null 布局。调用方法 setLayout(null) 就为容器设置了空布局。在空布局中，可以通过调用组件的 setBounds(int x, int y, int width, int height) 方法指定组件的位置和大小。其中，x 表示组件的 x 轴坐标位置；y 表示组件的 y 轴坐标位置；width 表示组件的宽度；height 表示组件的高度。容器大小改变时，空布局中的组件位置和大小均不发生改变。

上面介绍了几种常见的布局管理器，每个布局管理器都有自己特定的用途。要按行和列显示几个同样大小的组件，GridLayout 会比较合适；要在尽可能大的空间里显示一个组件，就要选择 BorderLayout 或 GridBagLayout。每个容器（Container 对象）都有一个与它相关的默认的布局管理器。JFrame 的默认布局是 BorderLayout，在设置新的布局前，在容器中添加组件都按照该容器的默认布局排列。可以通过 setLayout() 方法为容器设置新的布局。布局器不只是上面所讲的几种类型，常见的还有 JRootPane.RootLayout、OverlayLayout、SpringLayout、OverlayLayout、ScrollPaneLayout 等，更多的布局器可以通过 JDK 文档，查看 LayoutManager 和 LayoutManager2 两个接口。我们也可以通过实现上面两个接口来定义我们自己的特殊的布局方式。

【巩固训练】

## 设计一个电子邮箱注册页面

### 1. 实训目的

1）了解 Java 布局管理的各种方法。
2）掌握 FlowLayout 布局管理的使用方法。
3）掌握 BorderLayout 布局管理的使用方法。
4）掌握 GridLayout 布局管理的使用方法。
5）掌握自定义布局管理的使用方法。

### 2. 实训内容

利用 Java Swing 技术设计一个电子邮箱注册页面，要求不管是否调整窗口大小，最终的运行界面效果一致，如图 14-1-5 所示。

图 14-1-5　电子邮箱注册页面

# PROJECT 15 项目 15
## 实现计算器操作

### 学习目标

1. 理解 Java 委托事件处理机制。
2. 了解常用的事件类、处理事件的接口及接口中的方法。
3. 掌握编写事件处理程序的基本方法。
4. 熟练掌握对按钮的动作事件 ActionEvent 的处理机制。

## 任务 ▶ 实现计算器的事件处理

【任务描述】

实现计算器的计算功能。在项目14任务的基础上，添加用户操作响应代码即事件处理代码，完成计算功能。运行结果如图15-1-1所示。

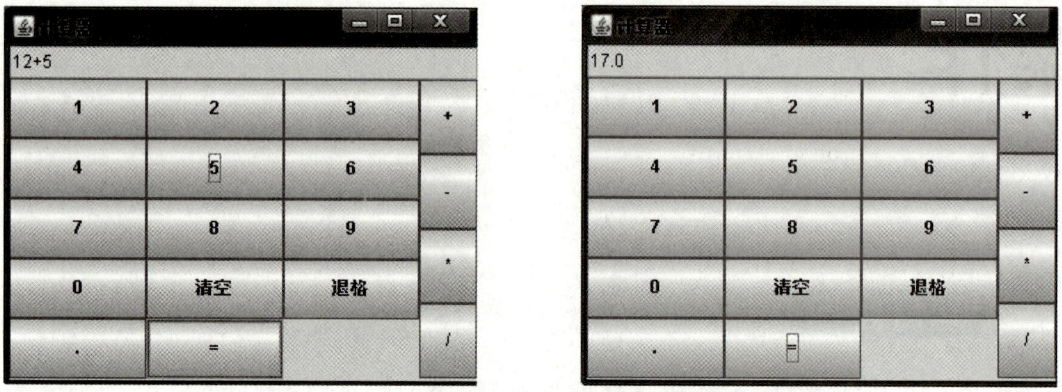

图15-1-1 实现计算器的事件处理运行结果

## 15.1 Java 事件

事件是 EventObject 子类的对象，描述在某个时间、某个对象上，发生了某件事情。通过鼠标、键盘与 GUI 直接或间接交互都会生成事件，如按下一个按钮、通过键盘输入一个字符、选择列表框中的一项、点击一下鼠标等。事件不局限于界面操作，如网络连接或断开等都可看作事件。事件源是生成事件对象的对象，用事件对象来描述自身状态的改变，即在某时刻，其上发生了什么事情。可以通过回调规定接口对象，将事件发送给其他对象，以使其他对象对事件做出反应成为可能。监听器是对某类事件感兴趣，并希望做出响应的对象。监听器必须实现规定接口，此类接口称为监听器接口。

事件处理的关键步骤如下。

1）实现监听器接口，定义监听器类，在接口规定方法内实现事件处理逻辑。

2）创建监听器对象，将监听器添加到事件源。

3）出发事件，事件源回调监听器中相关方法。

例如，当用户单击一个按钮 jb（JButton 的对象）时，就会产生一个动作事件 ActionEvent，此时按钮 jb 就是事件源。如果要在计算器窗口类中响应按钮单击事件，计算器窗口就是监听器。为了能够作为 ActionEvent 的监听器，Calculator 类要实现接口 ActionListener，添加 public void actionPerformed( ActionEvent e){ }方法，并在该方法中编写按钮单击后要执行的代码。接口 ActionListener 定义如下。

```
Interface ActionListener{
    void actionPerformed(ActionEvent e);
}
```

然后将监听器添加到事件源 jb.addActionListener(this)，这里 this 代表的是 Calculator 类的当前对象，就是计算器窗口对象。

ActionEvent 的主要方法。

1) String getActionCommand( )：获取事件的命令字符串。对按钮而言，该方法返回按钮上显示的文字，通过 getActionCommand 返回结果可以知道用户单击了哪一个按钮。

2) public Object getSource( )；该方法获取事件源对象引用。如果界面中有多个按钮，通过将 getSource 结果和每一个按钮对象引用比较，可以知道用户单击了哪一个按钮引发本次事件。

## 15.2 Java 事件处理机制

要理解事件处理机制，必须学会站在组件开发者和组件使用者这两个不同的角度来思考问题。事件处理机制的任务是当组件发生某种事件时，要设法通知组件使用者，并允许组件使用者做出个性化的处理。定义组件的目的就是在组件设计完成后到处可以重复使用此组件。因此，组件设计在前，组件使用在后。在定义组件类时，我们并不知道将来谁要使用此组件，从而也就无法确定谁要接收并处理此组件产生的事件。现在的任务就是要找一种办法，将事件消息正确地传递给将来的不确定的组件使用者，如图 15-1-2 所示。

图 15-1-2　事件处理示意图

事件处理机制需要考虑的问题，有以下 3 个方面。

1) 要接收消息的对象：消息的接收者在使用组件时，先向该组件进行注册。为此，组件应实现注册方法，如 JTextField 类的 addActionListener( ) 方法。

2) 消息传递方法：向消息接收对象传递消息最根本的方法就是调用消息接收对象的一个方法，并通过方法参数将事件相关数据传递给消息接收对象。而不管消息接收对象是何种类型，组件调用的方法必须是一致的，因为组件无法针对每一个消息接收对象进行特殊的方法调用。对组件来说，最好所有消息接收对象看起来都是一样的，都是同一种类型，都支持相同的方法。那么现在的问题就变成：如何保证所有消息接收对象都是同一种类型而又能进行各自不同的事件处理呢？如何约束消息接收者的行为？要保证所有消息接收对象都是同一种类型，一种方法就是定义一个类，要求所有消息接收对象都由此类的子类创建，这不是一个好办法，因为这限制了消息接收对象的继承层次。更好的解决方案是使用接口，即将事件处理方法，也就是组件向消息接收对象传递消息要调用的方法定义在一个接口里。然后强制注册对象必须实现此接口。事先规定对象方法的形式，而不关心其具体实现，这正是接口的优势所在。这种方法不管注册对象是从哪个类派生的，从而保证了消息接收对象类层次定义的自由。

3) 传递数据的方法：一种方法是直接通过传递方法的参数；另一种方法也是现在 Java 采用的面向对象的方法——定义一个类来描述事件，当具体事件产生时，则创建一个此事件类的对象，将该对象作为参数进行传递。

以上事件处理机制实际上采用了一种应用非常普遍的接口回调思想。其基本过程：规定回调接口、实现回调接口、回调接口对象注册、接口回调。定义回调接口的对象，往往是要提供某种服务，但接受服务的对象又不能事先确定。而要实现这种服务，服务对象又必须调用客户对象的方法。一旦遇到这种情况，就可使用接口回调。接口回调的应用不局限于事件处理，例如，网络通信中就经常使用。现实生活中这样的例子也有很多，如企业要先注册，然后实现一些标准接口如账目，工商税务就可对其进行税收管理等。

## 15.3　Java 事件体系结构

Java 事件体系结构如图 15-1-3 所示，所有事件共同的父类是 EventObject。Java 把事件类大致分为两种：语义事件（Semantic Events）与底层事件（Low-Level Events）。语义事件直接继承自 AWTEvent，如 ActionEvent、AdjustmentEvent 与 ComponentEvent 等。底层事件则是继承自 ComponentEvent 类，如 ContainerEvent、FocusEvent、WindowEvent 与 KeyEvent 等。Java 事件类的相关说明如表 15-1-1 所示。

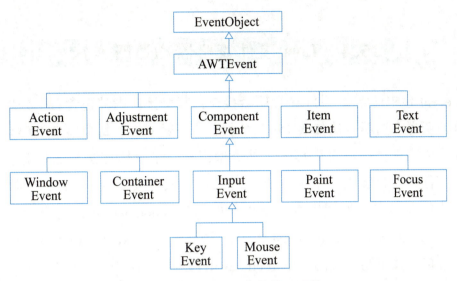

图 15-1-3 Java 事件体系结构

表 15-1-1 Java 事件类的相关说明

| 事件类 | 说明 | 事件源 |
| --- | --- | --- |
| ActionEvent | 通常按下按钮，双击列表项或选中一个菜单项时，就会生成此事件 | Button、List、MenuItem、TextField |
| AdjustmentEvent | 操纵滚动条时会生成此事件 | Scrollbar |
| ComponentEvent | 当一个组件移动、隐藏、调整大小或成为可见时会生成此事件 | Component |
| ItemEvent | 单击复选框或列表项时，或者当一个选择框或一个可选菜单的项被选择或取消时生成此事件 | Checkbox、CheckboxMenuItem、Choice、List |
| FocusEvent | 组件获得或失去键盘焦点时会生成此事件 | Component |
| InputEvent | 由某输入设备产生的一个高层事件 | Component |
| PaintEvent | 描绘组件时发生的一个事件 | Component |
| KeyEvent | 接收到键盘输入时会生成此事件 | Component |
| MouseEvent | 拖曳、移动、单击、按下或释放鼠标及在鼠标进入或退出一个组件时，会生成此事件 | Component |
| ContainerEvent | 将组件添加至容器或从容器中删除时会生成此事件 | Container |
| TextEvent | 在文本区或文本域的文本改变时会生成此事件 | TextField、TextArea |
| WindowEvent | 当一个窗口激活、关闭、失效、恢复、最小化、打开或退出时会生成此事件 | Window |

## 15.4 Java 事件监听器和监听方法

java.awt.event 包中还定义了 11 个监听者接口，每个接口内部包含若干处理相关事件的抽象方法。事件监听器和监听方法如表 15-1-2 所示。一般来说，每个事件类都有一个监听者接口与之相对应，而事件类中的每个具体事件类型都有一个具体方法与之相对应，当具体事件发生时，这个事件将被封装成一个事件类的对象作为实际参数传递给与之对应的具体方法，由这个具体方法负责响应并处理发生的事件。例如，ActionListener，这个接口定义了抽象方法：public void actionPerformed(ActionEvent e)。凡是要处理 ActionEvent 事件的类都必须实现 ActionListener 接口，并重写相应的 actionPerformed() 方法。

表 15-1-2 Java 事件监听器和监听方法

| 事件监听器 | 监听方法 |
| --- | --- |
| ActionListener | actionPerformed |
| AdjustmentListener | adjustmentValueChanged |
| ComponentListener | componentResized、componentMoved、componentShown、componentHidden |
| ContainerListener | componentAdded、componentRemoved |
| FocusListener | focusLost、focusGained |
| ItemListener | itemStateChanged |
| KeyListener | keyPressed、keyReleased、keyTyped |
| MouseListener | mouseClicked、mouseEntered、mouseExited、mousePressed、mouseReleased |
| MouseMotionListener | mouseDragged、mouseMoved |
| TextListener | textChanged |
| WindowListener | windowActivated、windowDeactivated、windowClosed、windowClosingwindowIconified、windowDeiconified、windowOpened |

### 1. 焦点事件

任何 GUI 对象的获得或失去焦点都被视为焦点事件 FocusEvent，并且事件源必须向事件监听器通知事件对象已失去或已获得焦点。焦点监听器需要实现两种方法：focusGained 和 focusLost。

对组件输入数据要进行错误检查或范围校验时，对焦点的捕捉就显得尤其重要。其特有方法如下。

Component getOppositeComponent()：返回焦点变化事件中的另一组件。

boolean isTemporary()：说明此事件是临时还是永久的。

String paramString()：获取说明此事件的一字符串。

## 2. 窗口事件

当一个窗口被激活、禁止、关闭、正在关闭、最小化、恢复、打开时会生成窗口事件。窗口事件 WindowEvent 有 7 种类型，在 WindowEvent 类中定义了用来表示它们的整数常量，意义如下：WINDOW_ACTIVATED 表示窗口被激活，WINDOW_CLOSED 表示窗口已经被关闭，WINDOW_CLOSING 表示用户要求窗口被关闭，WINDOVV_DEACTIVATED 表示窗口被禁止，WINDOW_DEICONIFIED 窗口被恢复，WINDOW_ICONIFIED 表示窗口被最小化，WINDOW_OPENED 表示窗口被打开。使用接口 WindowListener 对相应的事件进行监听处理。需要实现的方法如下：windowActivated、windowDeactivated、windowClosing、windowClosed、windowDeiconified、windowIconified、windowOpened。WindowListener 接口对 WindowEvent 作监听处理，在这个接口中定义了 7 种方法：当一个窗口被激活或禁止时，windowActivated()方法和 windowDeactivated()方法将相应地被调用；如果一个窗口被最小化，windowIconified()方法将被调用；当一个窗口被恢复时，windowDeIconified()方法将被调用；当一个窗口被打开或关闭时，windowOpened()方法或 windowClosed()方法将相应地被调用；当一个窗口正在被关闭时，windowClosing()方法将被调用。WindowEvent 的特有方法如下。

int getNewState()WINDOW_STATE_CHANGED(窗口状态更改)事件的新状态。

int getOldState()WINDOW_STATE_CHANGED 事件的原状态。

Window getOppositeWindow()：焦点或激活事件的另一影响窗口。

Window getWindow()：事件创建窗口。

## 3. 文字事件

文字事件使用类 TextEvent 来表示，使用接口 TextListener 对相应的事件进行监听处理。TextEvent 文字事件，当组件对象中的文字内容改变时，便会触发此事件。TextEvent 事件会发生在 JTextField 和 JTextArea 两种对象上。TextListener 接口对 TextEvent 作监听处理，当单行文本框 JTextField 或多行文本框 JTextArea 中的文本发生变化时，textValueChanged()方法将被调用。

## 4. 键盘事件

在按下或释放键盘上的一个键时，将生成键盘事件。处理键盘事件的程序要实现在 java.awt.event 包中定义的接口 KeyListener，在这个接口中定义了未实现的键盘事件处理方法。如果程序需要处理特殊的键，如方向键，需要通过调用 keyPressed()方法来处理。

键盘事件处理方法如下。

public void KeyPressed(KeyEvent e)：处理按下键。

public void KeyReleased(KeyEvent e)：处理松开键。

public void KeyTyped(KeyEvent e)：处理敲击键盘。

KeyEvent 事件类的主要方法如下。

puhlic char getKeyChar()：返回一个被输入的字符。

public String getKeyText()：返回被按键的键码。

public String getKeyModifiersText()：返回修饰键的字符串。

KevListener 接口对 KevFvent 作监听处理，在这个接口中定义了 3 个方法：当一个键被按下和释放时，kevPressed()方法和 keyReleased()方法将被调用；当一个字符被输入时，keyTyped()方法将被调用。

public int getKeyCode()返回与此事件中的键相关联的整数 keyCode。KeyEvent 类包含用来表示按下或单击的键的常量键码。keyCode 是每个按键的编码，在 JDK 帮助中可以查到每个按键对应的键码常量，如 A 对应 VK_A。

### 5. 鼠标事件

任何时候移动、单击、按下或释放鼠标，都会生成鼠标事件 MouseEvent。鼠标事件对应两个接口：MouseListener 和 MouseMotionListener。

MouseListener 共有 5 种方法，主要用来实现鼠标的单击事件(用于处理组件上的鼠标按下、释放、单击、进入和离开事件)。接口 MouseListener 中的方法如下。

public void mousePressed(MouseEvent e)：处理按下鼠标左键。

public void mouseClicked(MouseEvent e)：处理鼠标单击。

public void mouseReleased(MouseEvent e)：处理鼠标按键释放。

public void mouseEntered(MouseEvent e)：处理鼠标进入当前窗口。

public void mouseExited(MouseEvent e)：处理鼠标离开当前窗口。

MouseMotionListener 有两个方法。

public void mouseDragged(MouseEvent e)：处理鼠标拖曳。

public void mouseMoved(MouseEvent e)：处理鼠标移动。

与上述接口对应的注册监听器的方法是 addMouseListener()和 addMouseMotionListener()。MouseEvent 事件类中，有 4 种常用的方法。

int getx()：返回事件发生时，鼠标所在坐标点的 $x$ 坐标。

int gety()：返回事件发生时，鼠标所在坐标点的 $y$ 坐标。

int getclickCount()：返回事件发生时，鼠标的点击次数。

int getButton()：返回事件发生时，哪个鼠标按键更改了状态。

当鼠标在同一点被按下并释放(单击)时，mouseClicked()方法将被调用；当鼠标进入一个组件时，mouseEntered()方法将被调用；当鼠标离开组件时，mouseExited()方法将被调用；当鼠标被按下和释放时，相应的 mousePressed()方法和 mouseReleased()方法将被调用；当鼠标被拖动时，mouseDragged()方法将被连续调用；当鼠标被移曳时，mouseNloved()方法将被连续调用。

MouseEvent 的特有方法：int getButton()用于获取鼠标按键信息，int getX()、int getY()用于获取鼠标坐标位置。按键常量定义 BUTTON1、BUTTON2、BUTTON3 分别代表鼠标的 3 个按键(有的鼠标只有两个按键)。例如：

```java
public void mouseClicked(MouseEvent m){
    int x=m.getX();//获得点击鼠标时鼠标指针的x及y坐标
    int y=m.getY();
    int clickCount=m.getClickCount();//确定单击和双击
    if(clickCount==2){
        Graphics g=getGraphics();
        g.drawString("鼠标双击!", x, y);
        g.dispose();
    }
}
```

## 15.5 实践操作：计算器事件处理

### 1. 实现思路

修改 Calculator 类定义使其实现 ActionListener 接口，在 actionPerformed 方法中添加事件处理代码，并且为每个按钮添加 this(代表当前窗口对象)作为监听器。

在项目 14 中 Calculator 类的代码基础上做如下修改。

1) 导入事件处理相关包"java.awt.event.*"。

2) 修改 Calculator 类使其实现接口 ActionListener。

3) 增加 actionPerformed 方法，编写按钮点击处理代码，实现计算功能。

4) 为每一个按钮对象添加当前 Calculator 类对象(this)作为监听器。

### 2. 程序代码

```java
//省略项目14中的相关代码
public class Calculator extends JFrame implements ActionListener {
    Calculator(){                                          //构造方法增加橙色代码
        JButton jb;
        for(int i=1;i<=9;i++){
            jb=new JButton(""+i);
            jb.addActionListener(this);
        }
        jb=new JButton("0");
        jb.addActionListener(this);
        jb=new JButton("清空");
        jb.addActionListener(this);
        jb=new JButton("退格");
        jb.addActionListener(this);
```

```
        jb=new JButton(".");
        jb.addActionListener(this);
        ……
    }
    public void actionPerformed(ActionEvent e){        //按钮点击处理代码
        String cmd=e.getActionCommand();
        String c=result.getText();
        if(cmd.equals("清空")){…}
        else if(cmd.equals("退格")){…}
        else if(cmd.compareTo("0")>=0 && cmd.compareTo("9")<=0){…}
        else if(cmd.equals(".")){…}
        else if(cmd.equals("+")||cmd.equals("-")||cmd.equals("*")||
        cmd.equals("/")){…}
        else if(cmd.equals("=")){                        //点击=进行计算
            calculate();
        }
    }
}
```

## 【知识拓展】

### 1. 鼠标产生的事件

鼠标产生的事件示例如下。

```
import java.awt.*;import java.applet.Applet;
public classCountClickextends Applet
{int CurrentMarks=0;
public boolean mouseDown(Eventevt,intx,inty)
{CurrentMarks++;
repaint();
return true;
}
public void paint(Graphics g)
{ g.drawString(" "+CurrentMarks,10,10);}
}
```

### 2. 键盘产生的事件

例如：显示用户按下的字母键内容。

```
import java.applet.Applet;import java.awt.*;
```

```
{ char Presskey;
    public boolean keyDown(Event evt, int key)
    {   Presskey=(char)key;
        repaint();return true;
    }
    public void paint(Graphics g)
    { g.drawString(Presskey,10,10);}
}
```

【巩固训练】

## 设计一个电子邮箱地址注册的图形用户界面

### 1. 实训目的

1）理解 Java 委托事件处理机制。
2）了解常用的事件类、处理事件的接口及接口中的方法。
3）掌握编写事件处理程序的基本方法。
4）熟练掌握 ActionEvent 事件的处理。

### 2. 实训内容

利用 Java Swing 技术设计一个电子邮箱地址注册的图形用户界面应用程序，运行结果如图 15-1-4 所示。

图 15-1-4　电子邮箱注册

用户输入完成后单击"立即注册"按钮，判断密码和确认密码是否一致，如果一致在"立即注册"按钮的上方显示用户输入的邮件地址，运行结果如图 15-1-5 所示。

用户输入完成后单击"立即注册"按钮，判断密码和确认密码是否一致，如果不一致在"立即注册"按钮的上方显示"密码不正确"，运行结果如图 15-1-6 所示。

图 15-1-5　密码一致

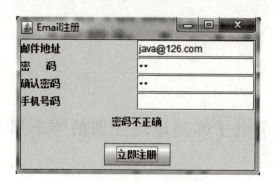

图 15-1-6　密码不一致

利用 Java Swing 技术设计一个电子邮箱注册页面，要求不管是否调整窗口大小，最终的运行界面效果一致。

# PROJECT 16 项目 16
## 设计字体与菜单

### 学习目标

1. 熟练使用 JComboBox、JList 控件。
2. 熟练使用 JCheckBox、JRadioButton 控件。
3. 掌握选择事件处理的应用。
4. 掌握使用 JMenuBar、JMenu 和 JMenuItem 构造应用程序菜单的操作。
5. 掌握使用 JPopupMenu 构造应用程序弹出式菜单的操作。
6. 能够处理鼠标事件。

## 任务 1  实现一个字体设置窗口

**【任务描述】**

设计一个简单的实现字体设置窗口的程序，可根据用户选择设置字体、字号、字形、颜色等属性。运行结果如图 16-1-1 所示。

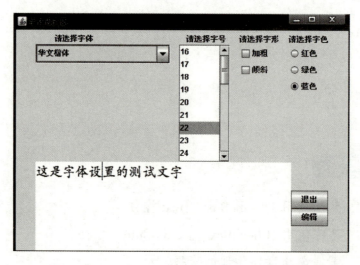

图 16-1-1  实现一个字体设置窗口运行结果

## 16.1  组合框 JComboBox

组合框 JComboBox 用于在多项选择中选择一项的操作，用户只能选择一个项目。在未选择组合框时，组合框显示为带按钮的一个选项的形式，当按键或单击时，组合框会打开可列出多项的一个列表，提供给用户选择。因为组合框占用很少的界面空间，所以当项目较多时，一般用它来代替一组单选按钮。组合框有可编辑和不可编辑两种形式。如果将组合框声明为可编辑的，用户也可以在文本框中直接输入自己的数据。默认情况下组合框是不可编辑的。组合框事件可以是 ActionEvent 和 ItemEvent。事件处理方法与其他同类事件的处理方法类似。组合框的构造方法和常用方法如表 16-1-1 所示。

表 16-1-1  组合框的构造方法和常用方法

| 方法名 | 方法功能 |
| --- | --- |
| JComboBox() | 构造一个默认模式的组合框 |

续表

| 方法名 | 方法功能 |
|---|---|
| JComboBox(Object[ ]items) | 通过指定数组构造一个组合框 |
| JComboBox(Vector items) | 通过指定向量构造一个组合框 |
| JComboBox(ComboBoxModel aModel) | 通过一个 ComboBox 模式构造一个组合框 |
| int getItemCount() | 返回组合框中项目的个数 |
| int getSelectedIndex() | 返回组合框中所选项目的索引 |
| Object getSelectedItem() | 返回组合框中所选项目的值 |
| boolean isEditable() | 检查组合框是否可编辑 |
| void removeAllItems() | 删除组合框中所有项目 |
| void removeItem(Object anObject) | 删除组合框中指定项目 |
| void setEditable(boolean aFlag) | 设置组合框是否可编辑 |
| void setMaximumRowCount(int count) | 设置组合框显示的最多行数 |

## 16.2 复选框 JCheckBox

复选框是具有开关或真假状态的按钮,用户可以在多个复选框中选中一个或者多个。JCheckBox 类提供复选框的支持。单击复选框可将其状态从"开"更改为"关",或从"关"更改为"开"。复选框事件可以是 ActionEvent 和 ItemEvent。JCheckBox 类可实现 ItemListener 监听器接口的 itemStateChanged() 方法来处理事件,用 addItemListener() 方法注册。复选框的常用方法如表 16-1-2 所示。

表 16-1-2 复选框的常用方法

| 方法名 | 方法功能 |
|---|---|
| JCheckBox() | 创建无文本无图像的初始未选复选框 |
| JCheckBox(Icon icon) | 创建有图像无文本的初始未选复选框 |
| JCheckBox(Icon icon, boolean selected) | 创建带图像和选择状态但无文本的复选框 |
| JCheckBox(String text) | 创建带文本的初始未选复选框 |
| JCheckBox(String text, boolean selected) | 创建具有指定文本和状态的复选框 |
| JCheckBox(String text, Icon icon) | 创建具有指定文本和图标图像的初始未选复选框按钮 |
| JCheckBox(String text, Icon icon, boolean selected) | 创建具有指定文本、图标图像、选择状态的复选框按钮 |
| String getLabel() | 获得复选框标签 |

续表

| 方法名 | 方法功能 |
|---|---|
| boolean getState() | 确定复选框的状态 |
| void setLabel(String label) | 将复选框的标签设置为字符串参数 |
| void setState(boolean state) | 将复选框状态设置为指定状态 |

## 16.3 单选按钮 JRadioButton

单选按钮 JRadioButton 可以让用户进行选择和取消选择，与复选框不同，每次只能选择一组单选按钮中的一个。JRadioButton 类本身不具有同一时间内只有一个单选按钮对象被选中的性质，也就是说，JRadioButton 类的每个对象都是独立，不因其他对象状态的改变而改变。因此，必须使用 ButtonGroup 类将所需的 JRadioButton 类对象构成一组，使得同一时间内只有一个单选按钮对象被选中。只要通过 ButtonGroup 类对象调用 add() 方法，将所有 JRadioButton 类对象添加到 ButtonGroup 类对象中即可实现多选一。ButtonGroup 类只是一个逻辑上的容器，它并不在 GUI 中表现出来。单选按钮的选择事件是 ActionEvent 类事件。单选按钮的常用方法如表 16-1-3 所示。

表 16-1-3　单选按钮的常用方法

| 方法名 | 方法功能 |
|---|---|
| JRadioButton() | 使用空字符串标签创建一个单选按钮（没有图像、未选定） |
| JRadioButton(Icon icon) | 使用图标创建一个单选按钮（没有文字、未选定） |
| JRadioButton(Icon icon, boolean selected) | 使用图标创建一个指定状态的单选按钮（没有文字） |
| JRadioButton(String text) | 使用字符串创建一个单选按钮（未选定） |
| JRadioButton(Stringtext, boolean selected) | 使用字符串创建一个单选按钮 |
| JRadioButton(String text, Icon icon) | 使用字符串和图标创建一个单选按钮（未选定） |
| JRadioButton(String text, Icon icon, boolean selected) | 使用字符串创建一个单选按钮 |

## 16.4 列表框 JList

列表框 JList 是允许用户从一个列表中选择一项或多项的组件，用其显示一个数组或集合中的数据是很容易的。列表框使用户易于操作大量的选项。列表框的所有项目都是可见的，如果选项很多，超出了列表框可见区的范围，则列表框的旁边会有一个滚动条。列表框事件可以是 ListSelectionEvent 和 ItemEvent。列表框的常用方法如表 16-1-4 所示。

表 16-1-4　列表框的常用方法

| 方法名 | 方法功能 |
| --- | --- |
| JList( ) | 构造一个空的滚动列表 |
| JList( Object[ ]listData) | 通过一个指定对象数组构造一个列表 |
| JList( ListModel dataModel) | 通过列表元素构造一个列表 |
| JList( Vector listData) | 通过一个向量构造一个列表,是默认的选择方式 |
| int getSelectedIndex( ) | 获取列表中选中项的索引 |
| int[ ]getSelectedIndexes( ) | 获取列表中选中的索引数组 |
| Object getSelectedValue( ) | 获取列表中选择的值 |
| Object[ ]getSelectedValues( ) | 获取列表中选择的多个值 |
| void setSelectionMode( int selectionMode ) | 设置选择模式 |
| void setVisibleRowCount( int visibleRowCount) | 设置不带滚动条时显示的行数 |

## 16.5　选择事件

选择事件(ItemEvent)是在 Java GUI 中,当进行选择性的操作,如单击复选框或列表项时,或者当一个选择框或一个可选菜单的项被选择或取消选择时生成的选项事件。选中其中一项或取消其中一项都会触发相应的选项事件。触发选项事件的组件比较多,如 JComboBox、JCheckBox、JRadioButton 组件。当用户在下拉列表、复选框和单选按钮中,选择一项或取消一项,都会触发 ItemEvent。当用户单击某个 JRadioButton 类对象时,可以产生一个 ActionEven 和一个或者两个 ItemEvent(一个来自被选中的对象,另一个来自之前被选中现在未选中的对象)。也就是说,JRadioButton 类可以同时响应 ItemEvent 和 ActionEvent。大多数的情况下,只需要处理被用户单击选中的对象,所以使用 ActionEvent 来处理 JRadioButton 类对象的事件。当用户单击某个 JCheckBox 类对象时,也可以产生一个 ItemEvent 和一个 ActionEvent。大多数的情况下,需要判断 JCheckBox 类对象是否被选中,所以经常使用 ItemEvent 来处理 JCheckBox 类的事件。ItemEvent 类的处理过程:当用户改变一个组件的状态时,会产生一个或多个 ItemEven 类事件。处理 ItemEvent 类事件的步骤如下。

1)使用"import java. awt. event. * ;"语句导入 java. awt. event 包中的所有类。

2)给程序的主类添加 ItemListener 接口。

3)将需要监听的组件注册,其格式为:对象名 . addItemListener( this)。

4)在 itemStateChanged()方法中编写具体处理该事件的方法,其格式如下。

```
public void itemStateChanged(ItemEvent e) { }
```

在 itemStateChanged() 方法中，经常使用下面 3 种方法来判断对象当前的状态。

① getItem() 方法：返回因为事件的产生而改变状态的对象，其返回类型为 Object。

通过 if 语句将 getItem() 依次与所有能改变状态的对象进行比较，就可以确定用户到底是哪一个对象因为事件的产生而改变了状态。

② getItemSelectable() 方法：返回产生事件的对象，其返回类型为 Object。通过 if 语句将 getItemSelectable() 依次与所有能产生事件的对象进行比较，就可以确定用户单击的是哪一个对象。getItemSelectable() 方法的作用与 getSource() 方法的作用完全一样。

③ getStateChange() 方法：返回产生事件对象的当前状态，其返回值有两个：ItemEventSELECTED 和 ItemEvent.DESELECTED。ItemEvent.SELECTED 表示对象当前为选中，ItemEvent.DESELECTED 表示对象当前未选中。

## 16.6 实践操作：字体设置窗口程序设计

### 1. 实现思路

界面中的字体颜色单选按钮和字形复选框分别通过 JRadioButton 和 JCheckBox 类进行创建并实现，字号选择通过 JList 类实现，字体选择通过 JComboBox 类实现。布局通过盒式布局嵌套实现，两个水平的盒子放在一个垂直的盒子里。上面水平的盒子里放 JComboBox、JList、JCheckBox、JRadioButton 对象，下面水平盒子里放 JTextArea 对象和按钮对象。同时实现 ItemListener 和 ActionListener 接口，处理按钮单击和选择控件的事件。

1）定义类 FontSet 继承 JFrame 实现 ItemListener、ActionListener 接口。
2）通过 JComboBox、JCheckBox、JradioButton 等对象实现 GUI 设计。
3）为组件添加监听器。
4）为 ItemListener 和 ActionListener 接口添加事件处理代码。
5）编写 main() 方法测试程序。

### 2. 程序代码

```
public FontSet(){//构造方法实现窗口显示
    ……
}
public class FontSet extends JFrame implements ItemListener,ActionListener{
    //类及变量定义
    JRadioButton jrbRed=new JRadioButton("红色",true);
    JRadioButton jrbGreen=new JRadioButton("绿色");
    JRadioButton jrbBlue=new JRadioButton("蓝色");
    private ButtonGroup bg=new ButtonGroup();
    JCheckBox jcb1=new JCheckBox("加粗");
```

```
        JCheckBox jcb2=new JCheckBox("倾斜");
        JComboBox listFont;
        JList listSize;
        JTextArea taDemo;
        JButton btnExit,btnEdit;
        //事件处理代码
        public void actionPerformed(ActionEvent e){
            if(e.getSource()==btnExit){
                dispose();
            }
            else if(e.getSource()==btnEdit){
                int style=Font.PLAIN;
                if(jcb1.isSelected())
                    style |=Font.BOLD;
                if(jcb2.isSelected())
                    style |=Font.ITALIC;
                if(jrbRed.isSelected())
                    taDemo.setForeground(Color.RED);
                if(jrbGreen.isSelected())
                    taDemo.setForeground(Color.GREEN);
                if(jrbBlue.isSelected())
                    taDemo.setForeground(Color.BLUE);
                String strFont=(String)listFont.getSelectedItem();
                Font ft=new Font(strFont,style,listSize.getSelectedIndex()+16);
                taDemo.setFont(ft);
            }
        }
}
```

## 【知识拓展】

GraphicsEnvironment 类描述了 Java 应用程序在特定平台上可用的 GraphicsDevice 对象和 Font 对象的集合。GraphicsEnvironment 中的资源可以是本地资源，也可以位于远程机器上。GraphicsDevice 对象可以是屏幕、打印机或图像缓冲区，并且都是 Graphics2D 绘图方法的目标。每个 GraphicsDevice 都有许多与之相关的 GraphicsConfiguration 对象。这些对象指定了使用 GraphicsDevice 所需的不同配置。下面是 GraphicsEnvironment 类的几个有用的方法。

abstract Font[ ]getAllFonts()：返回一个数组，它包含此 GraphicsEnvironment 中所有可用字体的像素级实例。

Abstract String[ ]getAvailableFontFamilyNames()：返回一个包含此 GraphicsEnvironment 中所有字体系列名称的数组，它针对默认语言环境进行了本地化，由 Locale.getDefault()返回。

Point getCenterPoint()：返回 Windows 应居中的点。

Rectangle getMaximumWindowBounds()：返回居中 Windows 的最大边界。

Font 对象代表字体，JTextArea 的 setFont 方法可以设置文本区域的字体。

【巩固训练】

## 字体设置程序设计

### 1. 实训目的

1）掌握 ItemListener 接口的使用方法。

2）掌握复选框的使用方法。

3）掌握单选按钮的使用方法。

4）掌握组合框的使用方法。

### 2. 实训内容

综合运用 Java 选择控件，设计一个简单的字体设置程序，可以进行字体、字形、字号和颜色的设置。

## 任务 2 实现一个字体设置菜单

【任务描述】

本任务将设计一个带有菜单的图形用户界面程序，使用级联菜单控制文字的字体和颜色。运行结果如图 16-2-1 所示。

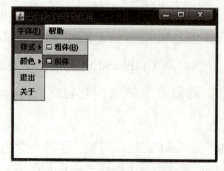

图 16-2-1 实现一个字体设置菜单运行结果

## 16.7 JMenuBar 菜单栏

真正的 GUI 应用程序缺少不了菜单，它既可以给用户提供简明清晰的信息，让用户从多个项目中进行选择，又可以节省界面空间。位于窗口顶部的菜单栏和其子菜单一般会包括一个应用程序的所有方法和功能，是比较重要的组件。

在程序中使用普通菜单的基本过程是：首先创建一个菜单栏(JMenuBar)；其次创建若干菜单项(JMenu)，并把它们添加到(JMenuBar)中；再次，创建若干个菜单子项(JMenuItem)，或者创建若干个带有复选框的菜单子项(JCheckboxMenuItem)，并把它们分类别地添加到每个 JMenu 中；最后，通过 JFrame 类的 setJMenuBar() 方法，将菜单栏 JMenuBar 添加到框架上，使之能够显示。JMenu/JMenuItem/JmenuBar 的关系如图 16-2-2 所示。

图 16-2-2　JMenu/JMenuItem/JmenuBar 的关系图

JCheckboxMenuItem 类用于创建复选菜单项。当选中复选框菜单子项时，在该菜单子项左边出现一个选择标记，如果再次选中该项，则该选项左边的选择标记就会消失。

JRadioButtonMenuItem 类用于创建单选菜单项，属于一组菜单项中的一项，该组中只能选择一个项。被选择的项显示其选择状态，选择此项的同时，其他任何以前被选择的项都切换到未选择的状态。

JMenuBar 是放置菜单的菜单条，可通过 new JmenuBar() 构造一个菜单条对象。JMenuBar 构造方法及常用方法如表 16-2-1 所示。

表 16-2-1　JMenuBar 构造方法及常用方法

| 方法名 | 方法功能 |
| --- | --- |
| JMenuBar() | 构造新菜单栏 JMenuBar |
| JMenu getMenu(int index) | 返回菜单栏中指定位置的菜单 |
| int getMenuCount() | 返回菜单栏上的菜单数 |
| void paintBorder(Graphics g) | 如果 BorderPainted 属性为 true，则绘制菜单栏的边框 |
| void setBorderPainted(boolean b) | 设置是否应该绘制边框 |
| void setHelpMenu(JMenu menu) | 设置用户选择菜单栏中的"帮助"选项时显示的帮助菜单 |
| void setMargin(Insets m) | 设置菜单栏的边框与其菜单之间的空白 |
| void setSelected(Component sel) | 设置当前选择的组件，更改选择模型 |

以下代码给出了如何创建 myJMenuBar，并添加到 JDialog 中。

```
JMenuBarmyJMenuBar=new JMenuBar();
JDialog myJDialog=new JDialog();
myDialog.setJMenuBar(myJMenuBar);
```

## 16.8 JMenu 菜单项

JMenu 是菜单项对象，用 new JMenu("文件")构造一个菜单条目对象。例如：

```
JMenu menu=new JMenu("文件(F)");        //创建一个菜单对象
```

JMenu 的构造方法及常用方法如表 16-2-2 所示。

表 16-2-2 JMenu 构造方法及常用方法

| 方法名 | 方法功能 |
| --- | --- |
| JMenu() | 构造没有文本的新 JMenu |
| JMenu(Action a) | 构造一个从提供的 Action 获取其属性的菜单 |
| JMenu(String s) | 构造一个新 JMenu，用提供的字符串作为其文本 |
| JMenu(String s, boolean b) | 构造一个新 JMenu，用提供的字符串作为其文本并指定其是否为分离式(tear-off)菜单 |
| void add() | 将组件或菜单项追加到此菜单的末尾 |
| void addMenuListener(MenuListener l) | 添加菜单事件的侦听器 |
| void addSeparator() | 将新分隔符追加到菜单的末尾 |
| void doClick(int pressTime) | 以编程方式执行"单击" |
| JMenuItem getItem(int pos) | 返回指定位置的 JMenuItem |
| void setMenuLocation(int x, int y) | 设置弹出组件的位置 |
| int getItemCount() | 返回菜单上的项数，包括分隔符 |
| JMenuItem insert(Action a, int pos) | 在给定位置插入连接到指定 Action 对象的新菜单项 |
| JMenuItem insert(JMenuItem mi, int pos) | 在给定位置插入指定的 JMenuitem |
| void insert(String s, int pos) | 在给定的位置插入一个具有指定文本的新菜单项 |
| void insertSeparator(int index) | 在指定的位置插入分隔符 |
| boolean isSelected() | 如果菜单是当前选择的(即突出显示的)菜单，则返回 true |
| void remove() | 从此菜单移除组件或菜单项 |
| void removeAll() | 从此菜单移除所有菜单项 |

续表

| 方法名 | 方法功能 |
|---|---|
| void setDelay(int d) | 设置菜单的 PopupMenu 向上或向下弹出前建议的延迟 |
| void setMenuLocation(int x, int y) | 设置弹出组件的位置 |

## 16.9　JMenu 菜单项

JMenuItem 是菜单项子项类，通过 new JmenuItem("菜单条目1")方法构造一个菜单项子项对象。其构造方法及常用方法如表 16-2-3 所示。

表 16-2-3　JMenuItem 构造方法及常用方法

| 方法名 | 方法功能 |
|---|---|
| JMenuItem() | 创建不带有设置文本或图标的 JMenuItem |
| JMenuItem(Action a) | 创建一个从指定的 Action 获取其属性的菜单项 |
| JMenuItem(Icon icon) | 创建带有指定图标的 JMenuItem |
| JMenuItem(String text) | 创建带有指定文本的 JMenuItem |
| JMenuItem(String text, Icon icon) | 创建带有指定文本和图标的 JMenuItem |
| JMenuItem(String text, int mnemonic) | 创建带有指定文本和键盘助记符的 JMenuItem |
| boolean isArmed() | 返回菜单项是否被"调出" |
| void setArmed(boolean b) | 将菜单项标识为"调出" |
| void setEnabled(boolean b) | 启用或禁用菜单项 |
| void setAccelerator(KeyStroke keystroke) | 设置菜单项的快捷键 |
| void setMnemonic(char mnemonic) | 设置菜单项的热键 |
| KeyStroke getAccelerator() | 返回菜单项的快捷键 |

示例代码如下。

```
JMenuItem item=new JMenuItem("新建(N)",KeyEvent.VK_N);
//创建带有指定文本和键盘助记符的 JMenuItem
item.setAccelerator(KeyStroke.getKeyStroke(KeyEvent.VK_N,
ActionEvent.CTRL_MASK));
//设置修改键,它能直接调用菜单项的操作侦听器而不必显示菜单的层次结构
menu.add(item);//将 JMenuItem 项添加到菜单栏中
```

## 16.10　JCheckBoxMenuItem

JCheckBoxMenuItem 构造方法及常用方法如表 16-2-4 所示。

表 16-2-4　JCheckBoxMenuItem 构造方法及常用方法

| 方法名 | 方法功能 |
| --- | --- |
| JCheckBoxMenuItem() | 创建一个不带有设置文本或图标的复选菜单项 |
| JCheckBoxMenuItem(String text) | 创建一个有指定文本的复选菜单项 |
| JCheckBoxMenuItem(Icon icon) | 创建一个带有指定图标的复选菜单项 |
| JChcckBoxMenuItem(String text, Icon icon) | 创建一个有文本和图标的复选菜单项 |
| JCheckBoxMenuIte(String text, Boolean b) | 创建一个有文本和设置选择状态复选菜单项 |
| JChcckBoxMenuItem(String text, Icon icon, Boolean b) | 创建一个有文本、图标和设置选择状态的复选菜单项 |
| Boolean getState() | 返回菜单项的选定状态 |
| void setState(Booleanb) | 设置该项的选定状态 |

例如：

```
JCheckBoxMenuItem cbMenuItem=new JCheckBoxMenuItem("自动换行");
```

## 16.11　JRadioButtonMenuItem

JRadioButtonMenuItem 构造方法及常用方法如表 16-2-5 所示。

表 16-2-5　JRadioButtonMenuItem 构造方法及常用方法

| 方法名 | 方法功能 |
| --- | --- |
| JRadioButtonMenuItem() | 创建一个新的单选菜单项 |
| JRadioButtonMenuItem(Stringtext) | 创建一个有指定文本的单选菜单项 |
| JRadioButtonMenuItem(Icon icon) | 创建一个带有指定图标的单选菜单项 |
| JRadioButtonMenuItem(String text, Icon icon) | 创建一个有文本和图标的单选菜单项 |
| JRadioButtonMenuIte(String text, Boolean selected) | 创建一个有文本和设置选择状态的单选菜单项 |
| JRadioButtonMenuItem(Icon icon, Boolean selected) | 创建一个有图标和设置选择状态的单选菜单项 |
| JRadioButtonMenuItem(String text, Icon icon, Boolean selected) | 创建一个有文本、图标和设置选择状态的单选菜单项 |

例如：

```
JRadioButtonMenuItem mrButton=new JRadioButtonMenuItem("男",gender);
JRadioButtonMenuItem missButton=new JRadioButtonMenuItem("女",! gender);
```

## 16.12　实践操作：字体设置菜单设计

### 1. 实现思路

本项目任务1中已经讲述了如何设置字体，本任务通过菜单来选择字体。通过 JMenuBar 实现菜单栏，通过 JMenu 实现菜单，通过 JMenuItem 实现菜单项，JCheckBoxMenuItem 实现带复选按钮的菜单项，用 addSeparator 方法添加水平分隔线，用 setMnemonic 方法添加菜单的快捷键。

1）定义一个 MenuTest 菜单类，继承自窗体类 JFrame，并实现 ActionListener。

2）定义 MenuTest 构造方法，首先通过 JMenuBar 建立一个菜单栏，然后使用。

3）通过 JMenu 建立菜单，每个菜单再通过 JMenuItem 建立菜单项。

4）定义 actionPerformed()单击菜单项处理方法，做相应处理。

### 2. 程序代码

```
//类声明及变量定义
public class MenuTest extends JFrame implements ActionListener{
    JMenuBar jmb=new JMenuBar();
    JMenu fontMenu=new JMenu("字体(F)");
    JMenu helpMenu=new JMenu("帮助");
    JMenu styleMenu=new JMenu("样式");
    ……
}
public MenuTest(){                    //构造方法实现菜单栏
    setJMenuBar(jmb);
    jmb.add(fontMenu);
    jmb.add(helpMenu);
    fontMenu.setMnemonic(KeyEvent.VK_F);
    boldMenu.setMnemonic(KeyEvent.VK_B);
    fontMenu.add(styleMenu);
    fontMenu.add(colorMenu);
    fontMenu.addSeparator();
    fontMenu.add(exitMenu);
    fontMenu.add(aboutMenu);
    styleMenu.add(boldMenu);
    styleMenu.add(italicMenu);
```

```
        colorMenu.add(redMenu);
        colorMenu.add(greenMenu);
        colorMenu.add(blueMenu);
        exitMenu.addActionListener(this);
        aboutMenu.addActionListener(this);
        boldMenu.addActionListener(this);
        italicMenu.addActionListener(this);
        redMenu.addActionListener(this);
        greenMenu.addActionListener(this);
        blueMenu.addActionListener(this);
        getContentPane().add(txtDemo);
        ……
    }
    //菜单选择事件处理
    public void actionPerformed(ActionEvent e){
        String cmd=e.getActionCommand();
        if(cmd.equals("红色"))
        txtDemo.setForeground(Color.RED);
        else if(cmd.equals("绿色"))
        txtDemo.setForeground(Color.GREEN);
        else if(cmd.equals("蓝色"))
        txtDemo.setForeground(Color.BLUE);
        else if(cmd.equals("粗体"))
        bold=boldMenu.isSelected()?Font.BOLD:Font.PLAIN;
        else if(cmd.equals("斜体"))
        italic=italicMenu.isSelected()?Font.ITALIC:Font.PLAIN;
        else if(cmd.equals("退出"))
        System.exit(0);
        txtDemo.setFont(new Font("Serif",bold+italic,24));
    }
```

## 【知识拓展】

弹出式菜单（JPopupMenu）又称快捷菜单，它可以附加在任何组件上使用。当在附有快捷菜单的组件上右击时，即显示出快捷菜单。JPopupMenu是一种特别的JMenu，它并不固定在窗口的任何一个位置，而是由鼠标和系统判断决定其出现的位置。弹出式菜单的结构与下拉式菜单中的菜单项JMenu类似：一个弹出式菜单包含有若干个菜单子项JMenuItem。只是，这些菜单子项不是装配到JMenu中，而是装配到JPopupMenu中。方法show（Component origin，int x，int y）用于在相对于组件的x、y位置显示弹出式菜单。弹出式菜单一般在鼠标事件中弹出，例如：

```
public void mouseClicked(MouseEvent mec){        //处理鼠标单击事件
    if(mec.getModifiers()==mec.BUTTON3_MASK)     //判断单击右键
    popupMenu.show(this,mec.getX(),mec.getY());  //在鼠标单击处显示菜单
}
```

菜单与其他组件有一个重要的不同：不能将菜单添加到一般的容器中，而且不能使用布局管理器对它们进行布局。弹出式菜单因为可以以浮动窗口形式出现，因此也不需要布局。无论是弹出式菜单还是下拉式菜单，都是仅在其某个菜单子项（JMenuItem 类或 JCheckboxMenuItem类）被选中时才会产生事件。当一个 JMenuItem 类菜单子项被选中时，产生 ActionEvent 事件对象；当一个 JCheckboxMenuItem 类菜单子项被选中或被取消选中时，产生 ItemEvent 事件对象。ActionEvent 事件、ItemEvent 事件分别由 ActionListener 接口和 ItemListener接口来监听处理。当菜单中既有 JMenuItem 类的菜单子项，又有 JCheckboxMenuItem 类的菜单子项时，只有同时实现 ActionListener 接口和 ItemListener 接口，才能处理菜单上的事件。

JPopupMenu 构造方法及常用方法如表 16-2-6 所示。

表 16-2-6　JPopupMenu 构造方法及常用方法

| 方法名 | 方法功能 |
| --- | --- |
| JPopupMenu() | 构造一个不带"调用者"的 JPopupMenu |
| JPopupMenu(String s) | 构造一个具有指定标题的 JPopupMenu |
| boolean isVisible() | 如果弹出式菜单可见（当前显示的），则返回 true |
| String getLabel() | 返回弹出式菜单的标签 |
| void insert(Component component, int index) | 将指定组件插入到菜单的给定位置 |
| void pack() | 布置容器，让它使用显示其内容所需的最小空间 |
| void setLocation(int x, int y) | 使用 x、y 坐标设置弹出式菜单的左上角的位置 |
| void setPopupSize(Dimension d) | 使用 Dimension 对象设置弹出窗口的大小 |
| void setPopupSize(int width, int height) | 将弹出窗口的大小设置为指定的宽度 width 和高度 height |
| void setVisible(boolean b) | 设置弹出式菜单的可见性 |
| void show(Component invoker, int x, int y) | 在组件调用者的坐标空间中的位置 x、y 显示弹出式菜单 |

【巩固训练】

## 设计一个带有菜单的图形用户界面

### 1. 实训目的

1）掌握下拉式菜单的设计及菜单事件的处理。

2）掌握弹出式菜单的设计及菜单事件的处理。

3）掌握 MouseEvent 的处理。

4）了解 KeyEvent、TextEvent、WindowEvent 的处理。

### 2. 实训内容

设计一个带有菜单的图形用户界面，跟踪鼠标的移动，在文本区域实时显示鼠标动作和坐标位置。

# 参 考 文 献

[1] 刘洪涛,吴昊. Java 编程技术基础[M]. 北京:人民邮电出版社,2021.
[2] 明日科技. 零基础学 Java[M]. 长春:吉林大学出版社,2017.
[3] 柳伟卫. Java 核心技术编程[M]. 北京:清华大学出版社,2020.
[4] 关东升. Java 编程指南[M]. 北京:清华大学出版社,2020.
[5] 刘勇军,韩蛟. Java Web 核心编程技术[M]. 北京:电子工业出版社,2014.
[6] 扶松柏,王洋,陈小玉. Java 开发从入门到精通[M]. 2 版. 北京:人民邮电出版社,2020.
[7] 明日科技. Java 项目开发全程实录[M]. 4 版. 北京:清华大学出版社,2020.
[8] 林信良. Java JDK 9 学习笔记[M]. 北京:清华大学出版社,2020.